Russian Museum
Architecture Decorative Art

Yuan yuan Writing

袁园 著

俄罗斯博物馆

建筑装饰艺术

辽宁美术出版社

Liaoning Fine Arts Publishing House

图书在版编目（CIP）数据

俄罗斯博物馆建筑装饰艺术 / 袁园著 . —— 沈阳 ：

辽宁美术出版社，2021.1

ISBN 978-7-5314-8276-5

Ⅰ．①俄… Ⅱ．①袁… Ⅲ．①博物馆－建筑装饰－研

究－俄罗斯 Ⅳ．① TU242.5

中国版本图书馆 CIP 数据核字 (2019) 第 189900 号

出　版　者：辽宁美术出版社
地　　　址：沈阳市和平区民族北街29号　邮编：110001
发　行　者：辽宁美术出版社
印　刷　者：沈阳晟邦印刷包装有限公司
开　　　本：787mm×1092mm　1/16
印　　　张：10.25
字　　　数：240千字
出版时间：2021年1月第1版
印刷时间：2021年1月第1次印刷
责任编辑：彭伟哲
装帧设计：王　琪　林　枫
责任校对：郝　刚
书　　　号：ISBN 978-7-5314-8276-5
定　　　价：68.00元

邮购部电话：024-83833008
E-mail:lnmscbs@163.com
http://www.lnmscbs.cn
图书如有印装质量问题请与出版部联系调换
出版部电话：024-23835227

序 ››

　　博物馆建筑是19世纪俄罗斯公共建筑类型的典型代表，它是构成俄罗斯建筑体系，体现俄罗斯建筑风格的重要组成部分。袁园君集多年心血撰著的《俄罗斯博物馆建筑装饰艺术》带着一股清新的风，并以它真切的可读性来到我们的视野中，着实令人眼前一亮。相信它的问世会在装饰艺术界、建筑界和设计界产生可观的作用和影响。

　　19世纪，俄罗斯通过建立或改建国立博物馆、私人捐赠博物馆，以及个人故居纪念博物馆等建筑类型，形成完整的博物馆体系。同时，博物馆类型的不同，也使得建筑形式以及外部装饰面貌迥异，呈现出不同的建筑风格特征。据此，袁园君撰著的《俄罗斯博物馆建筑装饰艺术》通过分析研究建于19世纪的俄罗斯博物馆建筑的外部装饰细节，探讨了这一时期俄罗斯建筑的风格特征和发展状况。尤其是通过对建筑外部的造型、图案、色彩、材质肌理等装饰细节的分析和探研，梳理出建筑装饰的社会价值和人文内涵。因此，博物馆建筑装饰中所涉及的内容除了工艺与设计的历史、美学、思想之外，还关联着范围更广泛的社会审美的演进脉络。书中主要运用建筑史、工艺史、美学和历史学的方法，同时借鉴欧洲建筑理论，辅以考古学、人类学、宗教学与社会学等多学科成果，论述了19世纪俄罗斯建筑的风格特征和发展历程。

　　难能可贵的是，《俄罗斯博物馆建筑装饰艺术》不乏著者独特的观点：她认为，19世纪博物馆建筑装饰艺术的发展足以代表该时期的俄罗斯建筑艺术发展，通过博物馆建筑装饰特色的研究，对俄罗斯建筑风格的生发及嬗变可见一斑。她还认为，建于19世纪的俄罗斯博物馆在建筑装饰方面所取得的辉煌成就，在整个俄罗斯装饰艺术史和建筑史上都占有重要的地位。在其发展过程中，拜占庭建筑的影响，以及统治者自身的审美理念一直贯穿并支配于其中；资本主义的发展、对西方建筑的借鉴融合，以及对俄罗斯建筑传统的继承，又使得折衷主义风格成为19世纪俄罗斯建筑风格的主流；象征主义的表现手法是当时俄罗斯工艺美术、建筑装饰所遵循的最重要的法则；同时，外来的建筑师和本土的建筑师对建筑装饰的实践，亦起到了积极的推动作用。

　　我认为，本书的特色在于：将研究对象置于俄罗斯悠久的历史文明背景之下，从地理位置、自然环境、宗教信仰、民生经济、社会发展，以及多种建筑形式的影响诸要素入手，深度解析了19世纪俄罗斯建筑风格的成因和嬗变的推动力。当然，追本溯源，探究俄罗斯独有的建筑风格特征的来源与发展脉络，也是该书的一大特色。

不难看出，袁园君为此书的撰著做了充分而有效的准备工作，除检索了国内外大量文献资讯和史料，还曾两度远赴俄罗斯进行现场考察，做了大量的调查研究工作。这些努力，赋予这本专著以极其实际的内容和可靠的论据。同时，也反映了著者对该领域的文献资料和装饰艺术现状，具有全面的了解和充分的把握。

值得肯定的是，《俄罗斯博物馆建筑装饰艺术》全面、深入、系统地对俄罗斯建筑装饰艺术风格进行了论述，做到了目前国内该专项研究的资料收集整理最为全面充实，并基于前人研究的成果向前迈出新的一步。有效地梳理了19世纪俄罗斯建筑装饰艺术的发展过程，并探讨了其与当时社会政治、经济、文化发展等诸多方面之间的关系。同时，从研究方法上寻找了新的切入点，将19世纪的俄罗斯建筑装饰进行全方位的分析，重点探研俄罗斯建筑特色中的传统，以及19世纪出现的装饰手法。而不是只倾向于对俄罗斯美术史的研究与论述。在研究方法上力主史料与实物照片资料相结合，使得论述与分析更具说服力。

我想，该部专著还有这样一些特点：首先是内容充实，观点鲜明，基本反映出这一领域最新的研究成果和动态；其次为文风平实，表达明晰，富于逻辑性，便于读者深入领会和全面把握，符合读者思维、阅读的习惯和规律；另外，这部专著的图解图例，充分展现了阅读的优势，便于读者对内容的理解。

总之，《俄罗斯博物馆建筑装饰艺术》能够适时成功付梓，可谓我国艺术设计界之幸事。作为袁园君攻读博士学位期间的导师，我由衷地恭贺她所取得的骄人业绩！

是为序。

清华大学美术学院教授　张夫也

前言 >>

　　提起俄罗斯建筑，首先映入人们脑海的更多的是极具民间传统特色的小木屋；体现宗教权威的各式金光闪闪的圆顶、帐篷顶教堂；亦或是装饰繁复华丽的皇家宫殿。但是，还有一类建筑形式不容忽视，它的形成与发展对俄罗斯甚至对世界建筑历史都产生了较为重要的影响，那就是俄罗斯公共建筑之———博物馆建筑。

　　博物馆建筑是19世纪俄罗斯公共建筑类型的典型代表，它是构成俄罗斯建筑体系、体现俄罗斯建筑风格的重要组成部分。

　　19世纪，俄罗斯通过建立或改建国立博物馆、私人捐赠博物馆以及个人故居纪念博物馆等建筑类型，形成完整的博物馆体系。同时，博物馆类型的不同使得建筑形式以及外部装饰存在着很大的差异，代表了不同的建筑风格特征。

　　本书主要通过分析建于19世纪的俄罗斯博物馆建筑的外部装饰艺术细节来探讨19世纪俄罗斯建筑的风格特征和发展趋势。建筑外部装饰是能够直观体现建筑风格特征的一个方面，本书希望通过对建筑外部的造型、图案、色彩、肌理等装饰细节的分析和把握，梳理出建筑装饰的社会价值。

目录 >>

第一章　绪论　>>

俄罗斯建筑在基辅罗斯至18世纪末期，经历了以民居、教堂、宫殿、郊外沙皇别墅等建筑类型为主的各个发展阶段后，于19世纪迎来了公共建筑发展的高潮。博物馆建筑作为19世纪俄罗斯公共建筑类型的代表，其风格与装饰体现了俄罗斯建筑风格的发展趋势并代表了该阶段的社会审美水平。本书的研究核心是19世纪的俄罗斯博物馆建筑装饰，它既包括以创立博物馆为目的而完成的建筑，比如克里姆林宫内的军械库博物馆以及普希金造型艺术博物馆等；也包括最初并非博物馆而后改造的，但其创立和改造的时间也在19世纪，比如特列恰科夫画廊以及瓦斯涅佐夫故居博物馆等。

本书主要通过分析建于19世纪的俄罗斯博物馆建筑的外部装饰细节来探讨19世纪俄罗斯建筑的风格特征和发展趋势。

第一节　研究背景

研究俄罗斯艺术的国外学者不在少数，目前，国外有关俄罗斯艺术的学术研究大致集中在以下几个方面：（1）俄罗斯艺术史，主要以研究俄罗斯绘画、雕塑等艺术形式为内容；（2）俄罗斯断代史，更多是对苏联时期的社会、经济、军事等相关题材的针对性研究；（3）俄罗斯大型博物馆，主要介绍博物馆内的各种珍藏；（4）东正教研究等。而国外的研究成果中，专门针对俄罗斯建筑进行的单独研究却并不多见，更多的是在欧洲建筑史的分册中提到东欧的建筑。即便是在俄罗斯，关于建筑的论著也是与欧洲建筑内容结合在一起的，或者是带有旅游性质的对博物馆珍藏品的介绍。除了一些分册内容之外，还有数量有限的几本专门的俄罗斯建筑的论著。以上研究成果，译介到我国的并不多见。关于俄罗斯艺术的国外研究成果统计，参见表1-1。

国内学术领域对于俄罗斯艺术的研究，始于20世纪60年代。国内的俄罗斯艺术研究专著，是以陈志华先生、奚静之先生、任光宣先生等为代表的俄罗斯美术史研究居多，而对俄罗斯的工艺美术史、设计史以及建筑艺术的研究论述则相对较少，甚至是凤毛麟角。但是，这些有限的论著都为国内研究俄罗斯艺术的背景及方法提供了重要的学术资源。关于国内的研究成果，参见表1-2。

在我国的俄罗斯建筑艺术研究领域里，有一部由陈志华先生编译，1955年由北京建筑工程出版社出版的《俄罗斯建筑史》。这是国内专门研究俄罗斯建筑史，并以此为书名的最早的关于俄罗斯建筑的研究。其内容丰富、论点鲜明，详细论述了民居、教堂、宫殿等建筑形式的产生和发展，涵盖信息量较大，并对建筑

表1-1 国内引进的与俄罗斯建筑相关研究外文成果汇总

序号	作者	论著名称	主要内容
1	George Heard Hamilton	The Art and Architecture of Russia	本书按照时代划分，系统地论述了俄罗斯艺术与建筑方面的内容。其中以论述从基辅罗斯开始直到19世纪末20世纪初俄罗斯建筑形式的产生和发展为主，包括木结构建筑、石结构建筑，教堂、宫殿、民居以及公共建筑等。中间辅以俄罗斯的绘画、雕塑等内容的论述，完整地展现了俄罗斯艺术与建筑的发展脉络与风格特征。
2	Jane Turner	Dictionary of Art	本书为艺术理论研究的工具书之一，涉及多个国家、多种艺术门类以及相关的地理、自然、人文、社会、经济、艺术发展历程、风格特征总结等内容。俄罗斯部分的内容出现在分册27-1中，对俄罗斯国家发展进程以及艺术历史进行了简明扼要的整理。其中，建筑史部分采用分阶段叙述方式，重点论述其风格特征与典型建筑实例。
3	Fletcher Banister Cruickshank, Dan	Sir Banister Fletcher's: a History of Architecture	该论著堪称建筑史学中内容最全面、包含最广泛的世界建筑通史论著。其中对世界各地的建筑发展都做了相应的梳理与论述。本书中，俄罗斯建筑与斯堪的纳维亚等国家和地区的建筑内容相互交叉，着重强调俄罗斯建筑发展的起源以及相关背景，并对俄罗斯建筑史中的经典风格进行论述与剖析。

序号	作者	论著名称	主要内容
4	William Craft, Brumfield	A History of Russian Architecture	本书按照时代划分，系统地论述了从基辅砌体教堂到斯大林时期的工业建筑这一历史过程中，文化脉络下的俄罗斯建筑发展的各个阶段。其中，重点论述了俄罗斯创造性地对国外的影响进行同化，并最终形成俄罗斯自身独特的建筑特征与风格。
5	Mr.Konstantin Akinsha, Mr.Grigorij Kozlov, Ms.Sylvia Hochfield	The Holy Place: Architecture, Ideology, and History in Russia	本书利用在莫斯科的建筑工地穿梭的视角，概述了19世纪、20世纪两个世纪中的俄罗斯历史。无论是沙皇还是布尔什维克领导人都希望通过不朽的建筑来体现其思想意识。这段历史反映出国家自身发展的同时，还不断试图构建或重构，并拒绝使用过去的形象的身份特征。

的背景、风格、特征等进行了系统的分类介绍，提供了大量的图片作为参考，这在具有一定资料价值的同时也填补了国内相关学术研究领域的空白。但在论述19世纪俄罗斯建筑时，主要介绍了建筑背景以及城市规划和广场建筑，对博物馆建筑却提及甚少。

目前在国内关于俄罗斯建筑艺术研究的学术成果中，比较有代表性的是部分关于俄罗斯各大博物馆珍藏以及俄罗斯教堂建筑装饰的学术论文，这些论文均具有独特的观点和视角，对俄罗斯的博物馆或者俄罗斯建筑进行分析和论述，因此同样具有一定的资料价值。但是，目前尚未发现关于俄罗斯博物馆建筑本身以及博物馆建筑装饰的系统研究。因此，笔者希望从这个领域入手研究，以其在国内相关研究领域做出具有填补空白意义的努力。

表1-2 国内出版的俄罗斯建筑相关研究主要成果汇总

序号	作者	论著名称	出版信息
1	奚静之	《俄罗斯美术史论》	北京：人民美术出版社，2005
		《俄罗斯美术十六讲》	北京：清华大学出版社，2005
		《俄罗斯苏联美术史》	天津：天津人民出版社，2000
		《俄罗斯和东欧艺术》	北京：中国人民大学出版社，2010
	金维诺主编，奚静之著	《俄罗斯和东欧美术》	北京：中国人民大学出版社，2004
2	陈志华	《外国古建筑二十讲》	北京：生活·读书·新知三联书店，2002
		《俄罗斯建筑史》	北京：建筑工程出版社，1955
		《外国建筑史：十九世纪末叶以前》	北京：中国建筑工业出版社，1979
	[俄]金兹堡著，陈志华译	《风格与时代》	西安：陕西师范大学出版社，2004
3	任光宣	《俄罗斯艺术史》	北京：北京大学出版社，2000
4	胡建成	《俄罗斯艺术》	石家庄：河北教育出版社，2003

第二节　研究目的与意义

通过对国内外研究状况的考察，可以得知：我国的俄罗斯艺术史研究尚处于初级阶段，仅仅是对某个"点"进行了比较深入的研究，但是没有更详尽、更系统的资料补充和个案分析。因此，作者认为自己有义务、有责任将俄罗斯博物馆建筑装饰甚至俄罗斯建筑的相关内容进行全面的总结和分析，并对国内的俄罗斯艺术研究体系进行必要的有益的补充。

作者所在的院系在国内设计艺术历史与理论研究领域一直具有较高的地位，取得了一定的成就。站在这个高端的学术平台上，经过博士研究生五年的知识积累，以及两次到访俄罗斯对研究对象进行实地考察，作者对于国内外的关于俄罗斯建筑装饰的研究概况有了一定的了解。从国内研究整体水平看，我国对俄罗斯建筑装饰艺术的研究已经形成了以17世纪、18世纪以及苏联时期的断代研究为核心，强调俄罗斯建筑对西欧建筑的学习与包容，多边延伸和生长的学术态势，与此相比，对俄罗斯19世纪相对多样化的建筑风格与装饰艺术的研究尚处在初级阶段，缺乏个案研究性文献以及系统的分类与梳理。而本论文的选题即是针对这样的问题而确定的。

选择建造或改建于19世纪的俄罗斯博物馆建筑外部装饰作为研究对象，以点切入，更容易对整体研究进行把握。俄罗斯是一个具有悠久历史文明的国家，在政治、经济、文化、艺术等各个方面都对整个世界的发展、进步起到重大的作用。俄罗斯艺术史也是世界艺术史的重要组成部分。而建筑在起到基本功能作用的同时，其本身就是从社会、经济、文化、科技、材料、审美等多种角度体现艺术的综合体。因此，以建筑装饰为切入点，选取19世纪俄罗斯发生重大社会变化的一个百年时间段，来深入研究俄罗斯的社会、经济以及艺术的发展变化，也就具有一定的学术价值。关于俄罗斯的发展历程、历史变迁、首都更替等，参见表1-3、表1-4和表1-5。本书希望通过对莫斯科、圣彼得堡两个俄罗斯代表性城市博物馆的个案研究，讨论建筑装饰艺术与社会经济、历史、文化发展等之间的关系，希望在设计艺术历史与理论研究中，做一些积极的探索。

表1-3　俄罗斯 编年大事记

阶段	时间	主要事件
基辅罗斯时期	550年	希腊一位编年史作者首次提及斯拉夫人。
	862年	鲁里克从斯堪的纳维亚到达诺夫哥罗德，建立了瓦朗吉安王朝。
	879年	鲁里克亲属奥勒格成为诺夫哥罗德的统治者，后又统治"俄罗斯城市之母"——基辅。
	888—898年	君士坦丁堡派来传教的两位修道士西里尔和墨索迪多斯创设出最早的斯拉夫字母。
	907年	奥勒格和拉斯人进攻君士坦丁堡，迫使拜占庭皇帝签订正式通商条约。

续表

阶段	时间	主要事件
基辅罗斯时期	913年	伊戈尔继奥勒格为基辅统治者。
	945年	伊戈尔于出征德雷弗里安尼时战死。
	946年	伊戈尔之妻奥尔加摄政，焚毁德雷弗里安尼人的城市，活埋其使节，为伊戈尔复仇。
	955年	奥尔加访问君士坦丁堡，接受洗礼，成为俄罗斯第一位显要的基督徒。
	972年	奥尔加王子基辅大公斯维亚多斯拉夫为佩切涅格人所杀，王子们争雄。
	978年	弗拉基米尔成为基辅领土内唯一统治者。
	988年	弗拉基米尔派遣使节考察各种宗教，最终选择了东正教，强迫臣民信奉基督教。
	996年	俄罗斯第一座石结构教堂蒂瑟教堂竣工。
	1015年	弗拉基米尔死后，王子们争位残杀达21年之久。其间，斯维雅多波尔克杀害了他的兄长博里斯和格勒伯。
	1025年	修道士在诺夫哥罗德创立洞窟修道院。
	1036年	"智者"雅罗斯拉夫成为基辅大公，开始了基辅的黄金时代。《拉斯加亚法典》编成，成为俄罗斯第一部法典。
	1037年	雅罗斯拉夫依君士坦丁堡圣索菲亚大教堂的名称和式样在基辅建大教堂，并建立圣母领报大教堂。
	1054年	雅罗斯拉夫死后，俄罗斯诸王子纷争互斗。
	1074年	洞窟修道院院长西奥多西亚斯逝世。
	1113年	弗拉基米尔·莫诺马赫成为基辅大公，暂时基辅重归统一。
	1116年	修道士西尔维斯特编定《古编年纪》。
	1125年	弗拉基米尔·莫诺马赫死后，基辅开始衰退。
	1147年	俄罗斯各编年纪第一次提到莫斯科。
	1169年	安德烈·博戈柳布斯基抢掠破坏基辅。
	1185年	《伊戈尔出征记》叙事短诗成为俄罗斯古代文学代表作。

阶段	时间	主要事件
鞑靼统治时期	1206年	铁木真统一了蒙古各部，自称成吉思汗。
	1223年	鞑靼人在喀尔喀河击败了波洛伏齐人——俄罗斯人军队。
	1227年	成吉思汗死后，其继承者开始实施"荡平天下"雄图。
	1237—1240年	巴图可汗率军征服俄罗斯。
	1240年	诺夫哥罗德王子亚历山大在涅瓦河口击败瑞典人，荣获尼夫斯基大名。
	1242年	亚历山大·尼夫斯基在波普斯湖击败条顿骑士团。
	1252年	鞑靼人封亚历山大·尼夫斯基为俄罗斯大公。
	1263年	亚历山大·尼夫斯基死后，将莫斯科公国传于幼子尼尔。
	1316年	立陶宛国王格德明企图控制俄罗斯。
	1328年	伊凡·卡里塔成为莫斯科大公，开始使莫斯科走上为全俄罗斯主宰之路。东正教会中枢自弗拉基米尔移至莫斯科。
	1340年	拉多尼兹的塞吉厄斯在莫斯科附近创立圣三一修道院。
	1380年	迪米特里·东斯科伊击败鞑靼人。
	1386年	立陶宛统治者雅吉罗和波兰的雅德韦加结婚，两国联合对付俄罗斯。
	1392年	拉多尼兹的塞吉厄斯逝世，后被尊为莫斯科守护神。
	1395年	坦穆兰进攻里亚赞公国，通过莫斯科，但忽然神秘退出，一场大战免于发生。
	1411年	俄罗斯最伟大的圣像绘制者安德烈·鲁布莱夫完成了"圣父·圣子·圣灵"三位一体圣像。
	1430年	克里米亚汗国脱离蒙古帝国。
	1438年	蒙古帝国分裂为阿斯特拉罕、喀山和西比尔诸汗国，不复当年之胜。
	1438—1439年	弗洛伦斯会议，试图弥合基督教东西两支教会的裂痕。（佛罗伦萨会议）（1439—1445）
	1444年	俄罗斯各编年纪第一次提到哥萨克人。
	1453年	君士坦丁堡被土耳其人攻陷，俄罗斯成为东正教的堡垒，历久不衰。

续表

阶段	时间	主要事件
莫斯科时期	1462年	伊凡三世成为莫斯科大公和"沙皇及君主"，开始聚拢俄罗斯国土。
	1472年	伊凡娶拜占庭最后一位皇帝的侄女索菲亚·帕里奥洛格斯为妻，聘用意大利建筑师和工匠，又采用拜占庭的双头鹰为俄罗斯统治者的标志。
	1470—1478年	伊凡征服、兼并了独立了500年的城市国家诺夫哥罗德。
	1475—1479年	由意大利建筑师菲奥尔凡蒂设计，在莫斯科建造圣母升天大教堂。
	1480年	俄罗斯人在乌格拉河打退鞑靼人，终止了蒙古对俄罗斯的正式控制，不再向蒙古人纳贡，但鞑靼汗国仍继续骚扰俄罗斯，直至1783年。
	1484—1489年	莫斯科的圣母领报大教堂建成。
	1487—1491年	克里姆林内第一座大型宫殿——多棱宫建成。
	1499年	沙皇寝宫特伦姆宫开始建造。
	1503年	教会会议解决俄罗斯教会首次大论争："有产"论者获胜。
	1505年	伊凡大帝死后，瓦西里三世成为俄罗斯的统治者。
	1505—1509年	由米兰建筑师阿莱西奥·诺弗设计，在莫斯科建造大天使迈克尔大教堂，该教堂后成为历代沙皇陵寝。
	1517年	神圣罗马皇帝的大使西吉斯曼·赫伯斯坦恩访问俄罗斯，最先记录俄罗斯的情况并带回西方。
	1533年	"恐怖的伊凡"伊凡四世三岁登基成为沙皇。
	1547年	伊凡正式加冕，娶罗曼诺夫家族的安诺斯塔西亚为妻。
	1550年	伊凡召开第一次"全民大会"以备咨询。
	1552年	伊凡击败喀山鞑靼人，下令建造瓦西里升天大教堂以为纪念。
	1553年	英国探险家威洛比和钱塞勒开辟了对俄罗斯贸易的路线。
	1556年	伊凡征服阿斯特拉罕鞑靼人。

阶段	时间	主要事件
莫斯科时期	1558年	里伏尼亚战争开始。
	1560年	安诺斯塔西亚逝世，使伊凡愈趋暴戾。
	1560—1570年	莫斯科被宣布为"第三罗马"，成为拜占庭的继承者和真正东正教的中枢。
	1563年	伊凡下令输入第一部印刷机。
	1565年	伊凡创立"奥普里奇尼诺"，建立了特辖制，开始了8年的恐怖统治。
	1569年	立陶宛和波兰结成鲁布林联盟，由同一位国王统治，长期威胁着莫斯科。
	1571年	克里米亚鞑靼人焚毁莫斯科，屠杀了约20万人，掳走至少10万人。
	1581—1583年	哥萨克人厄马克·蒂莫菲维奇率众出征西伯利亚，征服了西比尔汗国。西伯利亚西部自此归属莫斯科。
	1583年	立窝尼亚骑士团、立陶宛和波兰、瑞典休战，结束了持续25年的里伏尼亚战争。
	1584年	伊凡四世逝世，其无能的儿子费奥多尔继位，为瓦朗吉安王朝最后一代。博里斯·果杜诺夫摄政。
	1588年	英国大使贾尔斯·弗莱彻将其关于俄罗斯的报告呈给伊丽莎白女王。
	1589年	莫斯科的主教约伯被任命为俄罗斯东正教教会第一任大主教。
	1591年	年轻的王子迪米特里神秘死去。
	1598年	博里斯·果杜诺夫于费奥多尔死后被"全民大会"选为沙皇而开始了十五年的"混乱时期"。
	1601—1603年	俄国发生大饥荒，死者以百万计。
	1604年	"假迪米特里"在波兰军队协助下侵占了乌克兰。
	1605年	博里斯·果杜诺夫死后，"假迪米特里"篡位。
	1606年	"假迪米特里"为俄国贵族所杀，俄国人将其尸体火化，用大炮将骨灰向波兰方向射去。
	1610年	波兰人占领和焚毁莫斯科，冒充迪米特里觊觎王位者再次出现。

阶段	时间	主要事件
彼得时期	1612年	屠夫库兹马·米宁和王子波扎尔斯基从波兰人手中夺回莫斯科。
	1613年	迈克尔·罗曼诺夫被"全民大会"选为沙皇;"混乱时期"终止。
	1645年	阿历克谢于迈克尔·罗曼诺夫死后继位,时年16岁。
	1648年	莫斯科因盐税发生骚乱。乌克兰的博格丹·科梅尔尼茨基率哥萨克军抵抗波兰人。俄国在西伯利亚的殖民势力扩展到太平洋。
	1649年	法典建立社会阶级制度,规定农民不准离开其所耕种的土地,实际上等于建立了农奴制度。
	1652年	阿历克谢在莫斯科近郊设日耳曼区,供外国人居住。
	1653年	尼康成为莫斯科大主教,其严厉的改革引起了"旧信徒"的反对。博格丹·科梅尔尼茨基和扎普洛基哥萨克人宣誓对阿里克西斯效忠,对波兰战事再次爆发。
	1667年	俄国和波兰订立安德鲁索伏条约,分割乌克兰。
	1670—1671年	顿河哥萨克下级军官S.T.拉辛领导农民大起义,被沙皇击溃。
	1672年	彼得大帝诞生,彼得为阿历克谢第十四子,母为诺塔里亚,阿历克谢第二任妻子。
	1682年	彼得十岁时成为沙皇,但其同父异母姐姐索菲亚公主发动宫廷政变而摄政,使彼得和他的异母兄弟伊凡同为沙皇。
	1682—1689年	索菲亚公主治理国政,彼得则以军事游戏为消遣,并时常到莫斯科郊外的日耳曼区玩乐。
	1689年	彼得废黜索菲亚公主,娶尤可多西亚·洛普金娜为妻。
	1696年	伊凡死后,彼得独为沙皇;依靠新建的海军,在阿佐夫击败土耳其人。
	1697年	彼得率"特使团"开始游历西欧,访问瑞典、普鲁士、荷兰和英国等国家。

阶段	时间	主要事件
彼得时期	1698年	禁卫军叛变，迫使彼得赶回俄国，他处决了1700多名叛军；开始使俄国人生活西化运动。彼得下令全国采用儒略历[1]。
	1700年	对瑞典查尔斯十二世的北方大战开始。
	1701年	彼得创立第一所数学和航海学校。
	1703年	彼得在选定的地面上画十字架之后，开始建设圣彼得堡。彼得亲自编出俄罗斯的第一份报纸；俄罗斯开始印教科书。
	1708年	彼得命令贵族移居圣彼得堡。
	1709年	彼得在波尔诺瓦战役中战胜了查尔斯十二世。
	1712年	彼得娶第二任妻子——农家女凯瑟琳；圣彼得堡被宣布为俄国首都。
	1715年	法国建筑师亚历山大·勒布朗受命设计一座可与凡尔赛宫媲美的新宫殿；彼得霍夫的建设开始。
	1719年	彼得怀疑儿子亚历克西斯谋反，将其毒打致死。
	1721年	对瑞典的最终胜利结束了北方大战。
	1722年	彼得下令规定的等级制成为俄罗斯官僚制度的根基。
	1724年	彼得的妻子加冕为凯瑟琳一世。
	1725年	彼得派丹麦探险家维诺斯·柏林寻找从西伯利亚到达美洲的新路线；彼得逝世；继承问题未决。
备注		此表仅包含从基辅罗斯至彼得执政结束四个阶段的编年大事，不包括彼得之后的继任者执政期内发生的事件。

注：本表整理自《俄罗斯兴起》（[美]罗伯特·华莱士，1999）以及《斯拉夫文明》（于沛等，2001）等论著。

---

1 儒略历（Julian calendar）是格里历的前身，由罗马共和国独裁官儒略·恺撒采纳埃及亚历山大的希腊数学家兼天文学家索西琴尼计算的历法，在公元前46年1月1日起执行，取代旧罗马历法的一种历法。一年设12个月，大小月交替，四年一闰，平年365日，闰年于二月底增加一闰日，年平均长度为365.25日。由于累积误差随着时间越来越大，1582年后被教皇格里高利十三世改善，变为格里历，即沿用至今的公历。

表1-4 俄罗斯的建国历史变迁

序号	时间	名称
1	862年至1242年	旧俄罗斯国家（基辅罗斯）
2	1157年至1389年	弗拉基米尔大公
3	1246年至1389年	莫斯科公国
4	1389年至1547年	莫斯科大公国
5	1547年1月16日至1721年1月22日	沙皇俄国
6	1721年1月22日至1917年9月1日	俄罗斯帝国
7	1917年9月1日至1917年11月7日	俄罗斯联邦共和国
8	1917年11月7日成立，1922年至1991年属于苏联	俄罗斯苏维埃联邦社会主义共和国
9	1922年12月30日至1991年12月26日	苏维埃社会主义共和国联盟
10	1991年12月25日至今	俄罗斯联邦（由俄罗斯苏维埃联邦社会主义共和国改名）

表1-5 俄罗斯国家首都的变迁

序号	时间	名称
1	862年至882年	诺夫哥罗德
2	882年至1243年	基辅
3	1243年至1389年	弗拉基米尔
4	1389年至1712年	莫斯科
5	1712年5月21日至1728年	圣彼得堡
6	1728年至1732年	莫斯科
7	1732年至1918年	圣彼得堡（1914年8月18日改名彼得格勒）
8	1918年3月12日至今	莫斯科

第三节 研究内容与框架

俄罗斯建筑在19世纪的发展的重点是对城市规划、广场以及公共建筑的建设。博物馆建筑作为公共建筑的代表以及俄罗斯文化发展的有力坐标，当之无愧的可以体现俄罗斯艺术文化以及建筑装饰的发展。但是，国内外对俄罗斯的博物馆的研究更多的倾向于其藏品的介绍上，并没有注意到博物馆建筑本身所代表的文化特征，这不失为一种遗憾。本书针对这一现状，力求通过对典型类型博物馆建筑外部装饰的深入研究，梳理俄罗斯建筑风格发展脉络，并彰显俄罗斯的社会审美的嬗变历程。

本书共分为六章。第一章为绪论，主要介绍研究背景与研究价值。第二章对俄罗斯博物馆建筑发展的背景和原因进行阐述和分析，从时代背景的影响上探寻博物馆建筑在俄罗斯能够迅速发展并达到巅峰状态的动因。主要分为两个部分：第一部分阐述了俄罗斯博物馆事业的发展沿革；第二部分则列举了影响俄罗斯博物馆建筑发展的诸因素，包括地理位置与自然环境、宗教、社会发展与改革以及在俄罗斯工作过的外国和本国的优秀建筑师。第三章以时间顺序为线索，阐述了19世纪以前俄罗斯建筑主要风格特征和其发展历程，包括四个阶段：拜占庭—俄罗斯建筑风格、文艺复兴风格、巴洛克—罗可可风格以及新古典主义和俄罗斯帝国主义风格。第四章重点介绍并具体分析了建造或改建于19世纪俄罗斯的代表性类型博物馆的建筑外部装饰，包括博物馆自身发展历程以及建筑装饰特征。第五章结合了第四章内容，总结各种类型博物馆的建筑装饰艺术特色，并追根溯源，探寻其来源及发展演变阶段。第六章为结论，从两个方面对本篇论文的研究成果进行总结：1.在对研究成果的分析和总结的基础上，将19世纪俄罗斯博物馆建筑装饰所体现出的风格重新定位，指出其对19世纪俄罗斯整体建筑风格发展的代表性意义；2.表述在课题研究过程中，由俄罗斯博物馆建筑装饰艺术研究引发的对于国内博物馆建筑研究的思考。

在外国设计历史研究中，各种人名、地名的翻译在各种文献之间经常是不统一的，这给后来的学习者带来很多不必要的麻烦。本书以此为鉴，严格遵守学术规范，所有的外来人名、地名称谓，皆以商务印书馆《外国地名译名手册》、《俄语姓名译名手册》以及《英语姓名译名手册》为准。资料的收集以英文资料为主，俄文资料、中文资料为辅，这是为了能在国内研究的基础上进行更多的资料收集整理，以便为未来国内相关领域的研究提供更多的高质量信息。对于英文资料的取舍，以专门针对俄罗斯建筑及其风格的研究论著以及具有权威性的年表、实地考察取得的一手资料为主，注重资料的整理和分析，以相关学者撰写的俄罗斯艺术史为辅，有利于对19世纪俄罗斯建筑风格进行深入的解读。在图片资料的整理方面，精选有代表性的实地考察博物馆建筑装饰进行分类，并将其与同时代的博物馆建筑装饰进行对比，能够更直观地探究19世纪俄罗斯博物馆建筑装饰的主要特征。

第二章　俄罗斯博物馆建筑发展的背景及原因 >>

第一节　俄罗斯博物馆事业发展沿革

俄罗斯是世界公认的文化艺术发达国家之一，其承载和记录历史、文化的艺术精品数不胜数。而收藏这些精品的博物馆、美术馆、陈列馆等各种机构的创立，则成为俄罗斯繁荣的文化艺术宏图上的有力坐标。从基辅罗斯时期的修道院，到闻名于世的克里姆林宫，再到声名远播的世界四大博物馆之一的艾尔米塔什等，俄罗斯大地上诞生了一座又一座包容并展示艺术的知名博物馆。

Museum（博物馆）一词源于希腊语mouseion，原意是指向诗歌和文艺女神献祭的场所。在罗马时代，它是从事哲学讨论的地方，并不具备收藏或者存放的含义和功能。直到"18世纪以后，museum一词才开始指代存放藏品的物质机构"（曹意强，2008）。在俄罗斯，第一座现代意义上的博物馆出现在彼得大帝当政时期。但是俄罗斯的收藏和存放艺术品工作的历史则要追溯到基辅罗斯时期。

"博物馆的出现本身就是公共性观念的发展及社会收藏变化的结果。"（曹意强，2008）本章内容主要探讨关于俄罗斯的博物馆事业发展的历史沿革，可分为四个阶段：（1）萌芽期，从基辅罗斯起至17世纪，收藏活动的推动者主要是教会，收藏品主要以圣像、宗教仪式用品为主，这是俄罗斯博物馆事业发展的启蒙阶段；（2）发展期，从17世纪到18世纪中叶，收藏活动的推动者是彼得大帝，收藏品种类繁多，包括艺术品、纪念币、硬币、自然科学物品、书籍类等，俄罗斯现代意义上的首座博物馆也在这个时期诞生；（3）繁荣期，从18世纪中叶到19世纪后期，收藏活动的推动者以叶卡捷琳娜二世为首的皇室、贵族以及上流社会成员为主，收藏品以西方油画、书籍、手稿等为主，这一时期是俄罗斯博物馆事业发展的巅峰时期，此时博物馆建筑的建设活动也非常频繁，各种类型博物馆相继建立；（4）变革期，从19世纪后期到十月革命以后，这时收藏活动的性质发生变化，收藏活动多由商人和知识分子进行，收藏品不但包括西方画家作品，还有俄罗斯本国的艺术精品，十月革命后，所有俄罗斯藏品均被宣布为俄罗斯人民所有。

一、萌芽期（基辅罗斯至17世纪）

基辅罗斯，又称古罗斯，是9世纪至12世纪初位于东欧平原的一个早期封建国家，和俄罗斯、白俄罗斯、乌克兰三大民族（国家）有着共同渊源。

公元988年，其统治者弗拉基米尔在第聂伯河中接受洗礼，宣布皈依基督教，统一国家宗教信仰。他为了彰显公国的权力与地位，巩固其统治，开始大肆兴建修道院和教堂，因为它们是最高权力的代表。因此这一时期的艺术品一般都保存在修道院、教堂或者庙宇的圣器间中。

弗拉基米尔从拜占庭帝国继承而来的不只是教义精神，还有华丽繁复的宗教仪式。于是，在修道院、教堂附近常常出现工艺作坊。一些来自拜占庭的工匠在圣像画坊、银器作坊等地进行宗教艺术品的制作与加工。同时，牧师本身也进行着与宗教有关的艺术品的创作，包括圣经抄本、圣器、圣物等。

此外，王公大臣们也经常会向教会捐赠祭祀用的艺术品。因而，教堂、修道院是最早保存艺术品的机构，但并不能被称作博物馆。

这一传统一直流传至15世纪，例如在莫斯科附近的圣三一·谢尔基耶夫修道院，也被称为扎戈尔斯克圣谢尔久斯三一修道院·圣母安息大教堂（图2-1）和其他教会中心就保存着极为丰富的艺术珍品：圣像、贵重的祭祀用品、艺术刺绣等。15世纪末，基辅罗斯摆脱了蒙古鞑靼人长达两个世纪的统治，莫斯科开始成为政治中心的同时，也成为文化艺术中心。

16世纪，在克里姆林宫内设立了军械库（今克里姆林宫兵器馆，图2-2）。一些国外的和俄罗斯本国的能工巧匠们一同在作坊里工作，使兵器馆从生产与修理武器的作坊和储存武器的仓库变成艺术生产的中心。

17世纪，工匠们在兵器馆内按照宫廷的要求创造艺术品：圣像、圣经装饰本、金银器、刺绣等，逐渐积累

图2-1　圣三一·谢尔基耶夫修道院

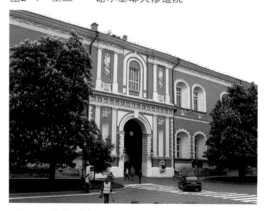

图2-2　莫斯科克里姆林宫内的兵器馆

了大量的宝物。因而，克里姆林宫的兵器馆堪称俄罗斯最早的实质意义上的博物馆。

1689年，彼得一世当政，实行改革，为沙俄政权摆脱落后以及后来俄罗斯变成西方强国做出了巨大的贡献。同时，他的改革措

施也为俄罗斯的文化艺术事业、博物馆事业的发展带来了新的契机。

二、发展期（17世纪至18世纪中叶）

1697年至1698年间，彼得一世到西欧进行了一次长途旅行。这次旅行中，他不但在政治上、军事上、社会风俗上有很大的收获，还对文化艺术有新了的认识。在西欧，他参观博物馆、艺术家工作室，并开始收集大量的绘画、雕塑作品以及各种自然科学相关的收藏品。这样的收藏活动具有启蒙性质，并在俄罗斯全国范围内掀起了向民间征集宝石、古文献等文物的收藏鉴赏热潮。

在此基础上，1714年，俄罗斯建立了第一座真正的国立自然科学博物馆——珍品陈列馆（图2-3），并于1719年对外开放，供人免费参观学习，目的是提高国民的整体素质。展品有矿石、动物标本、畸形人标本、兵器以及艺术作品等，种类繁多、价值连城。珍品陈列馆是当时世界同类博物馆中最大的一家。

彼得一世学习和引进西方经验的开放态度，对艺术品、收藏品收集活动的热衷和支持以及珍品陈列馆的开放，都为俄罗斯博物馆事业的繁荣奠定了坚实的基础。

三、繁荣期（18世纪中叶至19世纪后期）

叶卡捷琳娜二世，在位期是1762年至1796年。在俄罗斯历史上，这位女皇与彼得大帝齐名，为俄罗斯综合国力的发展、俄罗斯文化艺术的发展做出了巨大的贡献。同时，也是这位女皇推动了俄罗斯博物馆事业的发展进入巅峰时期。

图2-3　涅瓦河畔的珍品陈列馆

图2-4　位于圣彼得堡的艾尔米塔什

叶卡捷琳娜女皇在位时期采购了大量的艺术品，是俄国最多的收藏品拥有者。1764年，她首批采购的225件荷兰画家的作品运至圣彼得堡，藏于她的宫邸即私人博物馆——冬宫的艾尔米塔什（法语：隐宫）内（图2-4），该馆由此得名。据统计显示，女皇在位34年间共收购了1.6万枚硬币与纪念章、约2000幅绘画、3.8万册书籍等，并于1764年至1789年先后建造了小艾尔米塔什和大艾尔米塔什。现在艾尔米塔什博物馆共有5座大楼，拥有从古到今世界文化的270万件艺术品，包括1.5万幅绘画，

1.2万件雕塑，60万幅线条画[2]，100多万枚硬币、奖章和纪念章以及22.4万件实用艺术品而成为世界四大博物馆之一。

18世纪后半叶，购买或定制艺术品主要为装饰王宫或庄园之用。俄罗斯上流社会艺术品收藏活动风行一时，收藏对象基本上是西方古典艺术作品。

19世纪以前，并没有公共的博物馆出现。19世纪初，弗里德里希·安德鲁（1768—1843）、维克多·伊万诺维奇·格里戈洛维奇（1815—1876）提议建立俄罗斯国家博物馆，同时，提议建立"审美博物馆"。1806年，位于莫斯科克里姆林宫内的军械库被确认为官方博物馆。

---

2 线条画（又称"线描"）是以线条为主要表现手段的绘画形式。

图2-5 鲁缅采夫博物馆（俄国史博物馆）

图2-6 位于莫斯科的特列恰科夫画廊（旧馆）

尼古拉·鲁缅采夫伯爵（1754—1826），是一位外交家和文化庇护人。他毕生收藏与俄罗斯外交史有关系的书籍和古代手稿，最终把自己的全部收藏品捐赠给国家而创办了第一家俄国史博物馆（图2-5）。1831年该馆在圣彼得堡向公众开放。

1836年，俄罗斯科学博物馆（珍品陈列馆是其前身）在百科藏品的基础上创建了动物、矿物、植物等7个博物馆。1878年开办了人类学与民族学馆。

1949年开办了米哈伊尔·罗蒙诺索夫博

物馆。19世纪60年代，鲁缅采夫博物馆迁往莫斯科，成为莫斯科市第一家博物馆。

这一时期是俄罗斯博物馆发展的鼎盛时期。大量的收藏品的收集推动了各种类型的博物馆的建立。同时，按照不同专业、不同规模、不同类别的博物馆也相继分离并建立起来。

四、变革期（19世纪后半叶—1917年十月革命）

19世纪后半叶，俄罗斯收藏活动的性质发生了变化。这和社会变化有密切的关系，贵族文化逐步被平民文化所代替，而这时的收藏活动也多由商人和知识分子进行。被收藏的艺术品也趋向现实主义题材。

这一时期的事业推动者是莫斯科的商人、收藏家帕维尔·米开洛维奇·特列恰科夫。他于1856年开始收藏艺术品，并于1881年开放他的私人博物馆。

1892年，他将5000件作品赠给莫斯科当局。1898年特列恰科夫去世后，莫斯科当局将其宅院当作博物馆使用，并于1902年由艺术家兼建筑师维克多·瓦斯涅佐夫设计了一座俄罗斯复古风建筑，即现在的特列恰科夫画廊（旧）（图2-6）。

莫斯科造型博物馆（现国立普希金造型艺术博物馆）（图2-7）是19世纪末20世纪初十月革命前创建的大型博物馆。该馆于1912年正式开放，

图2-7　普希金造型艺术博物馆

其建馆资金是由全国的私人募捐筹集的。

　　十月革命前，俄国大约有12个博物馆，1922年有31个，1937年有54个。专门收集西欧现代绘画为首的两座博物馆是以谢尔盖·休金和伊凡·莫罗佐夫的收藏为基础的，分别成立于1918年和1919年。其中，馆藏还包括了19世纪和20世纪之交的法国绘画。1932年，这批收藏品被汇集到西方现代艺术博物馆。1948年，被分批收藏于艾尔米塔什和普希金造型艺术博物馆。同时，在莫斯科大学博物馆内设立了分馆。普希金造型艺术博物馆也接收了来自鲁缅采夫博物馆和特列恰科夫画廊的藏画。另外，也有部分藏品被送往艾尔米塔什。

　　对西方现代艺术作品的收藏体现了20世纪30年代至50年代反对形式主义斗争的结果。而将艺术作品秘密出口至国外销售，则对俄罗斯本国的艺术收藏工作产生了非常不利的影响。国立东方艺术博物馆成立于1918年，1962年更名为东方艺术博物馆。1934年成立了建筑学院和建筑博物馆，1964年它与成立于1945年的阿列克谢·维克多斯夫博物馆合并。俄罗斯建筑博物馆收藏了关于俄国建筑史的独特的藏品：建筑师的规划、图纸和照片。

二战时期，很多艺术作品被毁坏。经过艰苦努力的拯救现存的有价值的艺术品，使得战后的博物馆数量继续增长。主要的博物馆有特列恰科夫画廊、俄罗斯博物馆、普希金造型艺术博物馆、民俗博物馆、民间工艺博物馆以及艺术家个人博物馆。私人博物馆通常是以艺术家个人的工作室为主要展览空间。

这些博物馆积极地宣传他们的馆藏，出版画册、目录，进行艺术品或文件的复制和研究。来访的各种团队组织也给予了博物馆高度的重视。同时，一些收购、建档、艺术品归属以及保护修复等学术性工作也深入地开展起来。1955年，在文化部艺术研究所的倡导下，成立了专门的博物馆国立研究所。

苏维埃政权下，社会主义文化艺术大力发展。各门类、各学科、各专业博物馆，国立、私立博物馆，纪念性、科普性博物馆等，分门别类地博物馆如雨后春笋般纷纷被创立。时至今日，俄罗斯境内共有各种类型、规模博物馆1700余座，被称为"博物馆王国"之一。

根据以上四个阶段历史沿革的梳理，我们不难发现博物馆作为社会文化、艺术文化的载体，不仅有保存和收藏的功能，其发展的各阶段都成为俄罗斯国家发展史中的特定坐标。观赏者在出入博物馆欣赏艺术的同时，艺术也深深地融入人们的生活中。由此，博物馆作为公共建筑的意义也就凸显出来。俄罗斯博物馆王国的建立，是全世界的骄傲。俄罗斯博物馆事业的发展，是世界艺术的重要组成部分，对世界文化艺术的发展做出了巨大的贡献。在俄罗斯诸多博物馆发展的过程中，可以清晰地看到19世纪是博物馆建筑的创立和建设活动的巅峰时期。但这是在17世纪、18世纪的社会文化背景下，在相应的艺术准备基础上实现的。因此，在具体分析建于19世纪的俄罗斯博物馆建筑装饰特征之前，我们首先要梳理17世纪至19世纪俄罗斯的社会发展以及其对俄罗斯博物馆的发展产生的影响。

第二节　影响俄罗斯博物馆建筑发展的诸因素

"俄罗斯联邦（俄语：Российская Федерация，罗马语：Rossiyskaya Federatsiya，英语：Russian Federation），简称俄罗斯（Russia）。公元9世纪，在建立以基辅（Киев）为中心的古罗斯国家过程中，逐步形成了俄罗斯人的祖先古罗斯部族人（东斯拉夫人），并成为此后国家名称。"（俄罗斯_百度百科http://baike.baidu.com/view/2403.htmfunc=retitle）"俄罗斯"一词，在18世纪、19世纪以及20世纪初，通常是指全俄领土，但严

图2-8　俄罗斯国旗

格地讲，它是包括很多政党、地区等整个区域。

一、地理位置与自然环境

俄罗斯的地理环境是其政治历史发展的一个重要的因素，同时也为建筑的发展模式限定了条件。"俄罗斯位于欧洲东部和亚洲北部，其欧洲领土的大部分是东欧平原。北邻北冰洋，东濒太平洋，西接大西洋，西北临波罗的海、芬兰湾。俄罗斯是世界上国土面积最大的国家，共1709.82万平方公里。东西长为9000公里，南北宽为4000公里。陆地邻国西北面有挪威、芬兰，西面有爱沙尼亚、拉脱维亚、立陶宛、波兰、白俄罗斯，西南面是乌克兰，南面有格鲁吉亚、阿塞拜疆、哈萨克斯坦，东南面有中国、蒙古和朝鲜，东面与日本和美国隔海相望。海岸线长37653公里。"（俄罗斯_百度百科http://baike.baidu.com/view/2403.htmfunc=retitle）

俄罗斯"大部分地区处于北温带，气候多样，以温带大陆性气候为主，但北极圈以北属于寒带气候，温差普遍较大，1月平均温度为-18℃到-10℃，7月平均温度为11℃到27℃。年降水量平均为150～1000毫米。西伯利亚地区纬度较高，气候寒冷，冬季漫长，但夏季日照时间长，气温和湿度适宜，利于针叶林生长。"（俄罗斯_百度百科http://baike.baidu.com/view/2403.htmfunc=retitle）俄罗斯主要是森林、水力以及矿产资源，其中总储量的80%分布在亚洲部分。

俄罗斯联邦的国旗（图2-8）采用传统的泛斯拉夫色，旗面由三个平行且相等的横长方形组成，由上到下依次是白、蓝、红三色。旗帜中的白色代表寒带一年四季的白雪茫茫，蓝色代表亚寒带，又象征俄罗斯丰富的地下矿藏和森林、水力等自然资源，红色是温带的标志，也象征俄罗斯历史的悠久和对人类文明的贡献。三色的排列显示了俄罗斯幅员的辽阔。但另一方面，白色又是真理的象征，蓝色代表了纯洁与忠诚，红色则是美好和勇敢的标志。1883年5月7日，这面旗帜正式成为俄国国旗，1917年十月革命后三色旗被取消。1991年8月21日，这面旗帜再次被采用，成为独立的俄罗斯联邦的国旗。

俄罗斯的地理位置、自然环境和气候条件为俄罗斯建筑乃至俄罗斯文化的产生发展创造了客观条件，形成了其不同于其他文化的独有的风貌和特征。具有代表性的俄罗斯两大城市——莫斯科和圣彼得堡就是基于俄罗斯丰富的地理条件而建立的。

1.莫斯科——木结构建筑框架城市

木材是俄罗斯北方最早的、最杰出、最实用并方便获得的主要建筑材料。由于俄罗斯特有的气候和自然资源条件，木材成为俄罗斯最早的建筑材料，而木结构建筑技艺也成为俄罗斯宝贵的建筑传统之一。莫斯科（Moscow，Москва）这个名字第一次出现在编年史中的时间是1147年。莫斯科位于俄罗斯平原中部、莫斯科河畔，跨莫斯科河及其支流亚乌扎河两岸。莫斯科是一座历史悠久和具有光荣传统的城市，始建于12世纪中期，古有"第三个罗马"之称。1156年，莫斯科奠基者尤里·多尔戈鲁基大公（Yury Dolgoruky）在莫斯科修筑泥木结构的克里姆林城堡。"克里姆林"（Kremlin）一词，一说源出希腊语，意为"城堡"或"哨壁"；一说源出早期俄语词"克里姆"，指一种可作建材的针叶树。后来在克里姆林城堡及其周围逐渐形成若干商业、手工业和农业村落。13世纪初成为莫斯科公国的都城。14世纪俄国人以莫斯科为中心，集合周围力量进行反对蒙古贵族统治的斗争，从而统一了俄国，建立了一个中央集权的封建国家。

最初，大量的木材在俄罗斯中北部和草原北部国家和地区被发现。城市、乡村面积逐渐增长、神权地位确立等使得介于13世纪初鞑靼入侵和1700年后彼得大帝的新欧化的俄罗斯之间的莫斯科公国，在这一时期成为第一个真正意义上的俄罗斯国家。这里还确立许多艺术和哲学的概念，用以区分被入侵前的俄罗斯。如果说基辅的主要建筑和诺夫哥罗德的部分建筑依然为现代人保存了平静

和明晰的几何结构，我们则更倾向于将莫斯科的木结构建筑与古典时期的概念以及南部古老的石结构建筑相联系。14世纪、15世纪以后的俄罗斯建筑是在海洋般的森林中发展起来的，是木结构形式不可磨灭的标志。当然，这个时期，木结构建筑以教堂、宫殿以及民居为主，几乎不存在公共建筑形式。而静态的几何形的砖石结构工艺则在后期逐渐代替了冷杉树应用起来。

木材的使用不仅意味着对自然材料创新性的处理和发展前景上的实验，还是在某种情况下对传统熟悉形式的反复使用。莫斯科就是在多次的大火中被烧毁，又迅速建立起来的木结构建筑框架城市的典型代表。

2.圣彼得堡——石结构建筑框架城市

圣彼得堡（Saint Petersburg，Санкт-Петербург）于1703年由俄国沙皇彼得一世下令建造，因该城的第一座建筑物——扼守涅瓦河河口的圣彼得保罗要塞而得名。圣彼得堡的名称来自三个不同的起源："圣"——源自拉丁文，意为"神圣的"；"彼得"——耶稣的弟子圣徒之名，在希腊语上解释为"石头"；"堡"——在德语或者荷兰语中称为"城市"。圣彼得堡的名称不但和彼得大帝之名互相吻合，同时说明这个年轻的城市蕴含着不凡的文化背景来

源。它不但沿袭了德国及荷兰的文化传统（荷兰语与德语同属日耳曼语系），并且城市的象征意义和以圣徒彼得为守护神的古罗马紧紧相关。从名字的起源就可以看出来，该城市是以石头为主要建筑材料建造的。而事实上，圣彼得堡的建立是困难重重的。

彼得一世选择圣彼得堡是一个军事和商业权宜之计的短期方案的一部分。进入芬兰湾的涅瓦河河口的众海岛都是沼泽，几乎没有足够深的水用来漂浮最轻的船只，而且频繁的水灾使得水上交通面临危险。在北纬60°，冬季漫长且黑，夏季短暂且炎热，只有易变的春季和秋季最好。除了通过拉多加湖的水路，圣彼得堡只能通过浓密未开发的森林通向诺夫哥罗德和莫斯科。这也是几个世纪以来常见的交通方式。

木材在邻近的森林里就可取材使用的，但是彼得想要的是一个由防火墙和石头构成的城市。这就不得不在简易窑中制造或者从俄罗斯其他地方运输而来，无形中增加了成本和精力。这种情况看起来也不会与典型的民族传统文化相一致。圣彼得堡位于俄罗斯边缘，接近于芬兰、瑞典和德国的飞地[3]以及波罗的海。然而，就是这种可接近其他文化的地理特征深深地吸引了彼得。圣彼得堡开始几年的建筑主要是一些功利主义结构的建设。

最初，圣彼得堡的建设进程非常缓慢。是因为该地区所有建筑物都必须用桩柱在沼泽中支撑起来以及缺乏充足的劳动力和材料的困难。尽管这样还是有足够的房屋让彼得的直系亲属和亲戚以及最基本的政府公职在1703年搬至圣彼得堡，但实际上在1712年圣彼得堡被确定为首都的时候，还有很多建筑需要去完成。直到1714年在俄罗斯其他地方被禁止使用的用于砌体建筑的砖石依然非常稀缺。所有来自拉多加湖的船只都接到命令——必须带石头来圣彼得堡，用以进行相关的建筑活动。与此同时，贵族和政府官员都必须建造一次房屋。其规模、规划、调控和材料都要根据个人财富以及家庭人口的数量来确定。每所房子的设计都必须符合总设计师所提供的计划。这样城市逐渐替代了原来的雏形框架。1717年，流通于国外的全景雕刻展示了涅瓦河两岸大量的实质性建筑物的景象。至此，俄罗斯的结构框架城市——圣彼得堡真正建立起来。石材技艺的建筑依靠原料性质的基本需要，对整齐严谨的渴望，赋予了圣彼得堡强大的连贯性和权威性。

3 某国家或地区的一小部分，与主要地域单元相分隔，被邻近国家或地区的土地包围的地区。飞地是一种特殊的人文地理现象，指隶属于某一行政区管辖但不与本区毗连的土地。飞地的概念产生于中世纪，飞地的术语第一次出现于1526年签订的马德里条约的文件上。

二、宗教系统

1.东正教信仰的确立

俄罗斯人被认为是最具宗教品格的民族之一。其主要宗教为东正教，其次为伊斯兰教。

东正教（Orthodox Christianity）又称正教、希腊正教、东方正教，是基督教的一个派别，主要是指依循由东罗马帝国（又称"拜占庭帝国"，拉丁文：Imperium Romanum Orientale, Byzantine Empire, 395—1453）所流传下来的基督教传统的教会，它是与天主教、基督新教并立的基督教三大派别之一，"正教"的希腊语（Orthodxia）意思是正统。如果以"东部正统派"主要的和狭义的定义来分，"东部"教会里人数最多的教会是俄罗斯正教会和罗马正教会。而欧洲正教会不分东边西边，最古老的则是希腊正教会。在早期俄罗斯东正教发展过程中，希腊教会起到了非常重要的帮助与推动作用。在语言文字方面，"9世纪希腊传教士西里尔兄弟创制了一套字母，记录斯拉夫语，翻译和编撰宗教文献，现代俄语字母正是由此发展而来的，故又称为西里尔字母；同时，希腊传教士主持的教堂建设，将希腊教堂建筑的形式也带到了早期俄罗斯。"（北国俄罗斯的旖旎风光http://www.360doc.com/content/09/0208/10/14381_2487347.shtml）

"事实上，在10世纪以前，罗斯诸国、金帐汗国、克山汗国、罗斯公国等的主要宗教是本土的多神教，直到988年，基辅大公弗拉基米尔才把基督教定为国教。罗斯的基督教化经历了数百年的时间，其间一度与多神教并存，而后相互融合，从此成为今天俄罗斯最主要的宗教。"（北国俄罗斯的旖旎风光_http://www.360doc.com/content/09/0208/10/14381_2487347.shtml）

基辅罗斯公国（Kievan Rus）形成于9世纪，是最早的俄罗斯国家。公元988年，其统治者弗拉基米尔（Prince Vladimir, 958—1015）接受洗礼，宣布皈依基督教，统一国家宗教信仰，与当时强大的邻邦拜占庭帝国结盟，遵循东正教的宗教仪式和拜占庭帝国的政治制度。传说弗拉基米尔与他的朝臣遍访周围地区和国家对几种宗教形式进行考察发现，伊斯兰教禁止喝酒，而罗斯人认为"喝酒是罗斯人的最大乐趣"（[俄]尤里·谢尔盖耶维奇·里亚布采夫，2007），所以拒绝了伊斯兰教；犹太教的子民颠沛流离，所以拒绝了犹太教；最终，拜占庭的东正教依靠恢宏的教堂建筑、繁复的宗教仪式以及华丽的宗教圣器和装饰赢得了弗拉基米尔及其朝臣的忠心。于是他们选择了东正教（图2-9）。"基辅罗斯位于多种文化的交叉口，它不仅与拜占庭以及其他基督教邻国交往，而且与伏尔加流域的保尔加人建立的伊斯兰国家和远在基辅罗斯东南方的其他伊斯兰国家有联系，与信奉犹太教的可

图2-9 该手抄本原成书于12世纪，15世纪复制，是唯一一部讲述基辅历史的珍贵文献。纸质，15世纪，高31.5厘米，宽21厘米，现藏于圣彼得堡俄罗斯国家科学院图书馆。（王小茉，2010）

图2-10 俄罗斯国徽

萨人也有来往。"（王小茉，2010）而弗拉基米尔和他的朝臣们的最终决定，成为基督教的东翼，而不是非基督教文明在欧洲的前哨。这一情况，在后来的俄罗斯国徽上也有所体现。

俄罗斯国徽是盾徽的形象（图2-10）。"1993年11月30日，俄罗斯决定采用十月革命前伊凡雷帝时代的、以双头鹰为图案的国徽：红色盾面上有一只金色的双头鹰，鹰头上是彼得大帝的三顶皇冠，鹰爪抓着象征皇权的权杖和金球。鹰胸前是一个小盾形，上面是一名骑士和一匹白马。"双头鹰的由来可追溯到公元15世纪。"双头鹰原是拜占庭帝国皇帝君士坦丁一世的徽记。拜占庭帝国曾横跨欧亚两个大陆，它一头望着西方，另一头望着东方，象征着两块大陆间的统一以及各民族的联合。"（俄罗斯联邦或俄罗斯 http://yp.cctv.com/20080602/110900.shtml）拜占庭帝国灭亡后，罗马教皇抚养了拜占庭继承人索菲亚·帕里奥洛格公主，并使用联姻的方式将其许配给了莫斯科大公伊凡三世（Иван III Васильевич，1440—1505）。索菲亚由此佩戴着拜占庭帝国威严的双头鹰徽记来到了俄罗斯。同时，伊凡三世宣称自己是合法的拜占庭帝国的继承人，也是东正教的继承人。1497年，双头鹰作为国家徽记首次出现在俄罗斯的国玺上，直至1918年。1993年11月30日，这只象征俄罗斯国家团结和统一的双头鹰被重新使用。20世纪末，国家杜马从法律上确定了双头鹰是俄罗斯的国家象征。

宗教继承合法化之后，高度发达的拜

占庭文化得以输入，基辅的文学、艺术、法律、礼仪和习俗从此打上拜占庭的烙印（俄罗斯_百度百科http://baike.baidu.com/view/2403.htmfunc=retitle）。统治者借助宗教信仰凝聚民族力量、划分国民身份，确立或改变文化、习俗的发展，更重要的是，借助宗教信仰巩固自己的统治。因此，从更长远的角度看，俄罗斯的国家发展方向和基调，从弗拉基米尔时代就已经被确立了。

2. 拜占庭建筑的影响

拜占庭文化随着东正教的传入，不但影响了基辅的社会和政治，最直观的是改变了人们的生活环境，给基辅带来了拜占庭式宏伟的教堂建筑。在18世纪彼得大帝改革之前，俄罗斯最主要的建筑形式就是教堂建筑。教堂建筑对后来的博物馆建筑最直接的影响就是在装饰形式和装饰图案上，而教堂建筑形式的起源可以追溯至弗拉基米尔的宗教皈依之初，拜占庭建筑所带来的影响。

拜占庭的传统不仅为俄罗斯建筑提供了固定的模式，更重要的是为其提供了一个方法。"拜占庭建筑的主要成就是创造了把穿顶支承在四个或者更多的独立支柱上的结构方法和相应的集中式建筑形制。"（陈志华，1979）拜占庭帝国被看作是对天国的模仿，教会的礼仪是天使和使徒庆祝基督诞

生的天堂的再现。而物理图像、图标则是精神上的反映，比如十字拱代表了地球，圆顶教堂代表了宇宙。拜占庭宗教礼仪的核心、肖像类型的图案固定性以及建筑规范与寿命都体现了拜占庭文化独有的"密码"特征。因为并不一定要求对模型的复制，因此建筑上有一定自由度，而标准化却是固有的。这种标准有助于稳定正统基督教封建国家的意识形态和社会制度，同时教会建设也为这一目标服务。由此，才会出现俄罗斯独有的、以拜占庭建筑传统为基础的民族风格的创造。

公元989年，弗拉基米尔大公征服了赫尔松之后返回基辅。由于基督徒和基督教堂在此之前就存在，他的首要任务就是为他所征服的城市提供足够的用于朝拜的殿堂。编年史记载：公元882年奥尔马·阿斯沃德的陵墓上刻有建造圣·尼古拉教堂的记录，公元945年圣以利亚教堂记载了拜占庭条约中的"一个教堂之所以成为教堂，是因为大部分瓦兰吉人都是基督徒。"但是，这些已经不能满足信仰需求新的增长，弗拉基米尔大公的第一项工作就是为他的赞助人圣

---

4 苏联乌克兰南部港市。

5 古代斯堪的纳维亚人在西欧被称作"维京人"，而在东欧被称作"瓦兰吉人"，在北欧从事着海盗和商人的双重工作。

罗勒建造了一个教堂。这大概是基辅的第一个木结构教堂，但是它很快就在1017年基辅的大火中被烧毁。

弗拉基米尔大公的第二个也是更为重要的教堂是圣母安息大教堂。在弗拉基米尔，它被称为"十一教堂"，意指专门将弗拉基米尔收入的十分之一捐给该教堂，供俄罗斯的教会支配。这个教堂建于公元989年，公元996年被奉献[6]为神圣的教堂，于1039年通过希波狄斯成为第一大主教区，二次奉献的原因并不清楚，但有可能是1017年火灾后重建所需要的仪式。圣母安息大教堂一直都是宫廷教堂，在附近发掘的地基有花岗岩、砖等，而精心制作的建筑装饰的痕迹以及壁画、马赛克、用陶片铺设的道路等，都表明弗拉基米尔的宫殿即位于教堂的南部。

圣母安息大教堂是巴西利卡式的，没有中殿，走廊尽头设有三个半圆形壁龛，而且屋顶是木制的，没有明显的教堂东部末端的柱墩或者支撑圆顶的链形墙。巴西利卡式的平面，在10世纪的君士坦丁堡是过时的，但是在俄罗斯却得到使用。圣母安息大教堂作为基辅最古老的大型石砌建筑，是弗拉基米尔最爱的教堂。据公元989年的编年史记载："在他开始建造并完成其结构后，利用图像装饰该教堂，并委托赫尔松的斯达西担任祭司服务于教堂，并赐予圣像、圣器和十字架，于是教堂在这个城市建立了。"后来，因为他死后葬于该教堂而使其威望渐渐增强。编年史中还记载："为了建造奉献于圣母的教堂不惜从希腊请来工匠。"[7]

弗拉基米尔大公早期对巴西利卡式教堂的印象可能是来自希腊工匠所带来的已经被修改了的信息。而更多详细的信息则是来自于希腊祭祀，他的拜占庭新娘——安娜公主，弗拉基米尔作为一个基督徒以及皇室宗亲认为自己与皇室有密切的关系。他和他的妻子非常渴望君士坦丁堡的宫廷教堂，于是将瓦西里一世遗弃多年的奢华的尼亚教会[8]教堂作为其发展模式。这象征着圣母安息大教堂与尼亚教会一样都是致力于为圣母奉献的宫廷教堂，同时也都是一定意义上的个人捐赠的体现。如果圣母安息大教堂是十字形而不是巴西利卡式的结构，那么无论是原来还是1017年修建后，它都是俄罗斯南部的圣索菲亚教堂的起源。从而两种结构更加接近拜占庭的原型，比如奢华的尼亚教会教堂，它启发了君士坦丁堡以及10世纪和11世纪初的

---

6 奉献，是教堂落成之后的一个重要的仪式，在奉献之后，教堂才被奉为神圣的。

7 译自George Heard Hamilton：The Art and Architecture of Russia，见附录A–1。

8 奢华的尼亚教会位于君士坦丁堡大皇宫内的千康蔡斯宫的东面，由瓦西里一世兴建，具有五个华丽的圆穹，在被奥斯曼帝国征服前一直存在，曾被用作火药库，在1490年被雷电击中而爆破。

一些地区教堂。

我们尝试还原圣母安息大教堂的可能原貌。少数幸存的白色大理石圆柱的残片、雕刻、镶嵌络面、马赛克、壁画，所有拜占庭最好的礼仪，这些表明弗拉基米尔大公既不怕麻烦又有充足的资金，使这所教堂成为新的正确的信仰的纪念碑。而作为未来俄罗斯艺术建筑的发源地，它具有极其重要的意义，无论建造者是希腊人还是受教于希腊人的俄罗斯人，他们都应该来自君士坦丁堡。俄罗斯的泥瓦匠和画家就像是从赫尔松和拜占庭的神职人员、技工和基督徒那里学习了新的宗教艺术表现，而圣母安息大教堂也一定是俄罗斯人研究如何设计建筑和装饰圣索菲亚大教堂的实地学校。

弗拉基米尔大公的儿子，智者雅罗斯拉夫于1019年至1054年统治基辅。他继承并扩增了弗拉基米尔的建设方案，使这座城市呈现出一种皇家的辉煌场景。尽管他的建筑的名字都在回顾拜占庭精神，但从1037年的编年史中很明显地看出雅罗斯拉夫对发展基辅的基督教文化有多么强烈的兴趣："在他的统治下，基督教的信徒繁衍增多，随着僧侣们的增加，新修道院也应运而生。雅罗斯拉夫热爱宗教建筑，并献身于祭祀特别是僧侣，他致力于书籍的研究并夜以继日地阅读，他聚集许多文士将希腊文的典著翻译成斯拉夫文，他撰写收集许多书籍借由此指引真正的信徒享受宗教教育。"

雅罗斯拉夫建筑方面的至高成就是圣索菲亚大教堂的建成时刻，它被认为可以与君士坦丁堡查士丁尼大帝无与伦比的圣索菲亚大教堂相媲美。因为在1036年的编年史中记载了雅罗斯拉夫与佩切涅格人会面并击败他们："（战争）当场（就发生）在大主教区圣索菲亚大教堂。"在1037年的记录中，提及该教堂的地基。碰巧的是1018年的诺夫哥罗德编年史中记载了圣索菲亚大教堂成立于这一年，这是对基辅编年史的补充，即在1017年时，雅罗斯拉夫占领基辅后，"教堂被烧毁"。该建筑物在1018年已经制定好了计划并开始修建，该建筑完成于1037年，雅罗斯拉夫成就之下。俄罗斯本土大主教在他的《关于律法和恩典》的著述中记载了雅罗斯拉夫在1037年至1050年间的布道宣讲，称他为弗拉基米尔的继承者："他完成了你未完成之工作，就像所罗门继承了大卫；他用神圣和伟大的智慧建造了神殿，使其长存于奉献并装饰你的城市；他用金、银、宝石和神圣的圣器等所有的美对其进行装饰。"从这段论述中可以看出，教堂不仅仅是基础完工，尤其对其内部装饰而言，也不可能是在1037年开始。但雅罗斯拉夫可能一直有完成建筑物，旨在超越弗拉基米尔设计的圣母安息大教堂的打算。

俄罗斯最伟大不朽的宗教建筑——圣索菲亚大教堂，来源于9世纪盛行的正统的砌体教堂（东正教石砌教堂），与弗拉基米尔建造的圣母安息大教堂一样几乎无法形容它的原始状态。当其中一个消失时，另一个也在连续遭到破坏和修复中消失，基辅众多的建筑被损坏，而建设者则于1240年被鞑靼捕获。在中世纪神职人员遭到遗弃，雄伟的教堂变成了荒凉的几乎被人遗忘的孤岛。17世纪和18世纪才开始了乌克兰巴洛克风格（Ukrainian Baroque）[9]的内部维修和外部重建。在原有基础上增加了8个新圆顶，总计21个圆顶。并将所有圆顶的塔楼都使用一种不同寻常的巴洛克形式进行重构，使之呈现出一种完全不同于原本形象的奇异的外观。只有在16世纪才有的壁画和马赛克被恢复于17世纪的白色层下（白色涂料之下）。而只有接近20世纪才出现的建筑物审查的系统已经开始萌芽。

在十字形带通廊的规划基础上，代表了少数建设者初衷的九通道的平面规划循序渐进多元化地发展起来，并首先在尼亚教会和圣母安息大教堂的重建中体现出来。原来的索菲亚教堂带中殿以及四个通道，东部尽头的凹陷处没有走廊外侧的讲坛，三面都有画廊和从南到北附加而建的敞廊。早在11世纪，塔楼就已经被树立在毗邻王子宫殿和大主教区西立面的入口的两端，17世纪又在外侧增加了一个拱廊，形成后廊。这样做就使得教堂的外观更加突出。事实上，教堂的宽度已经逐渐大于它的长度，同时圆顶逐渐增大，数量也开始增加，因此除了建筑的东部分布着三个被掩藏的中心凹槽外，其他的外部装饰丝毫没有影响到原结构。虽然编年史中并没有提到最初的建筑工人以及建筑的营造、维修和保护，但是在《混合建造》[10]一书中，却提及了厚实的红砖与石英石以及轻薄的黄色砖交替装饰，并用粉红色砂浆勾缝，重现了拜占庭的建筑技艺。

由此，拜占庭建筑给俄罗斯建筑带来的不仅仅是巴西利卡式的平面、石砌的建筑主体、支撑圆顶的柱墩以及浅碟形的圆顶，还有华丽、繁复的教堂外部和内部装饰。更为宝贵的是，拜占庭建筑形式的引入开启了俄罗斯建筑发展的大门，为俄罗斯建筑的发展以及俄罗斯独特的建筑风格传统的形成奠定了坚实的基础。至今，俄罗斯教堂的建设中，依然离不开上述的原始、基本而又标准的教堂结构规划。

东正教对俄罗斯文化影响深远，其宗教思想已经渗透进日常生活，成为传统思想的组成部分。以宗教为媒介传入俄罗斯的还有

9 乌克兰的巴洛克式或哥萨克巴洛克式的建筑风格，是一种哥萨克统治期间出现在乌克兰的建筑风格，在17和18世纪非常盛行。它不同于西方的欧洲巴洛克式的装饰，拥有更为温和和更简单的形式，并且考虑更多的建构主义。

10 原书注 opus mixtum，第25页，书名译为《混合建造》。

拜占庭的宗教艺术和希腊文化。在俄罗斯建有大批的拜占庭风格的教堂建筑，教堂内汇集了大量精美的宗教题材的圣像画、壁画、镶嵌画和雕塑等艺术作品。而后期，基于拜占庭建筑形式，由俄罗斯工匠和建筑师一起创造的建筑装饰形式和图案在俄罗斯博物馆建筑装饰上的应用，我们会在后面的章节中具体阐述。

三、社会发展与改革

1.19世纪以前的俄罗斯社会发展与改革

（1）基辅罗斯至17世纪

自史前时代开始，俄罗斯就是欧洲的一部分。古俄罗斯文明主要集中在以基辅为首的南方、以诺夫哥罗德为首的西北方和以罗斯托夫和弗拉基米尔、苏兹达尔为首的东北部。西北罗斯和东北罗斯在稍晚时候也成为俄罗斯的一部分。其中，基辅在俄罗斯的发展过程中扮演了一个重要的角色。

基辅罗斯是最早的东斯拉夫人的封建城邦，通过弗拉基米尔大公而接受并皈依于东正教。为了统一国家，他迎娶了拜占庭皇帝巴尔西二世的妹妹，于988年率领基辅人民在第聂伯河受洗，其宫廷文化受到了拜占庭极大的影响，同时保加利亚文化原有的地位有所下降。基辅由君士坦丁堡宗主教直接管辖，直至蒙古人入侵而改为一般委任的希腊宗主。政治上软弱的统治者必须对波雅尔集团——有特权的王公阶层和群众的集会更多地关注。虽然建筑受到拜占庭风格的影响已经是不可争议的事实，但为了平衡各种集团复杂的利益，还是出现了建设委员会。弗拉基米尔的儿子雅罗斯拉夫（Yaroslav，Ярослав，978—1054）继承了他在诺夫哥罗德的统治，并将政权扩展到基辅的东部和西部。他的孩子与英国和法国的很多王室家庭通婚。他去世时，正值诸侯之间权力争斗以及对外发动战争之时，直到1096年乌克兰协定的签署，标志着留里克王朝[11]的再次发展的开始：这时的切尔尼希夫、佩列雅斯拉夫、诺夫哥罗德、波拉茨克、沃利尼亚和加利西亚等一些周边的公国都承认了基辅的权威地位。由于俄罗斯南部受到库曼人的攻击，所以没有精力注意到东北部出现的新的势力。直到1169年苏兹达尔的安德烈·博戈柳布斯基（Andrew Bogoliubsky，Андрей Боголюбский，1111—1174）推翻了基辅的统治，宣布自己为大公。但他仍然是以北部的弗拉基米尔为首都，从而将俄罗斯的权力中心从南部转移到中部。

---

11 留里克王朝（俄语：Рюриковичи）是统治东斯拉夫人的古罗斯国家的第一个王朝。公元882年开始定都于基辅，故又称基辅罗斯。留里克王朝的最后一位沙皇费奥多尔·伊万诺维奇于1598年去世后，该王朝最主要的一系遂断绝。

但是苏兹达尔并没有拥有像基辅一样无可争议的权力地位。虽然罗斯托夫日益强盛，但12世纪、13世纪的主导依然是斯摩棱斯克、加利西亚和诺夫哥罗德。14世纪至15世纪初，被认为是苏兹达尔最后一轮扩张的开始。诺夫哥罗德是贸易金融中心，生产力的发展集中在民间和教会。这一时期也是蒙古入侵的开始，并从1230年开始进行了长达2个世纪的封建统治。诺夫哥罗德似乎比其他公国受制于蒙古少一些，除了不必向金帐汗国交付人头税，还可以继续独立发展。虽然13世纪时还是与立陶宛发生纠纷，但是在此期间整体的权力和影响力还是逐步上升。其中蒙古统治的一个重要特征是对宗教事务并不干涉，因此这时期教会继续增加它的权力，有时甚至超过军事并控制政治和财政。

通过蒙古王子的税收政策，弗拉基米尔巩固了权力，统一了俄罗斯国家资本。经由弗拉基米尔的儿子亚历山大·涅夫斯基将这一权力传递到在苏兹达尔并不出名的莫斯科镇。经过了短时间的发展，莫斯科得到了封授。14世纪至15世纪莫斯科的大公完全没有作为，直到伊凡三世时期。他成功继承头衔时，他的公国只有几百英里；但是直到他去世时，公国远至北极和乌拉尔山，以及杰斯纳和第聂伯河的中间通路。他将诺夫哥罗

德、威亚兹玛、切尔尼希夫和塞维尔斯克这些公国集合在一起，努力建立一个中央行政和司法制度。伊凡三世后来废除了金帐汗国的进贡制度，并最终担任了俄国沙皇和独裁统治者。1448年和1459年莫斯科东正教教权的独立和拜占庭教权的垮台宣告了伊凡三世至高无上的东正教神权的地位。他与拜占庭最后一个皇帝的侄女索菲亚·帕里奥洛格联姻，使莫斯科成为第三罗马帝国合法的继承者。这是许多建筑活动的基础，并发展了新的建筑风格，而且明确地提出早期教堂建筑的特征。瓦西里三世和伊凡雷帝进一步扩大领土，实现了传统和当时的贵族政治以及社会利益之间的平衡，并确立了商人阶级和教会的等级制度。

伊凡四世又被称为伊凡雷帝或者"恐怖的伊凡"。伊凡四世三岁即位，母亲暂时摄政，却苦于大贵族们的横暴。当时各集团激烈争权、倾轧和谋杀，对伊凡四世性格的形成及其活动产生了深刻影响。"沙皇"的称号即来自伊凡四世。1547年伊凡四世加冕称沙皇，将莫斯科公国改为沙皇俄国，又称俄罗斯，并开始实行独裁统治，建立沙皇专政政体，统一中央集权。1584年，伊凡四世逝世，自此，俄罗斯开始了长达近一个世纪的动乱年代。统治者政权的频繁更替、波兰的侵略战争以及因盐税而起的动乱使俄罗斯在这一时期内并没有大的发展，直到1762年彼得一世降生。

1682年，彼得一世的姐姐索菲亚成功发动政变，开始摄政，将彼得一世和他的母亲赶出皇宫，使其迁居至城外的皇村。1689

年，彼得长大成人，夺回了自己的政权，开始了影响俄罗斯发展方向的西化改革。

（2）彼得一世的改革

彼得一世（Peter A. Romanov, Пётр Алексеевич Романовы, 1672—1725），原名彼得·阿列克谢耶维奇·罗曼诺夫，俄国罗曼诺夫王朝第四代沙皇（1682—1725）（图2-11）。1697年彼得一世第一次西欧旅行的结束标志着俄罗斯艺术巨变的开始。尽管17世纪的俄罗斯已经对欧洲有了非常深刻的了解，但俄罗斯文化还是保持着深刻的传统。沙皇和主教之间密切联系加强了边疆的封锁，将游客和外商限制在抵达莫斯科的一个独立的地区，目的是使他们天主教和异教的理念以及自由的政治理念等不会感染到俄罗斯人。

然而，不到一个世纪，俄罗斯上层阶级的观点就发生了变化，从害怕被误认为是外国人到害怕不能成为外国人。从彼得开始，他是第一个穿西式服装的沙皇。他总是穿着法国流行的短外套、靴子和马裤，而替代了有长袖的全身型的俄罗斯长衫。

影响彼得向西方开放他的国家的决定基于以下三个方面：能在平等的基础上与欧洲的力量建立政府谈判；同西方的自由且频繁的贸易往来；对西方观念、社会秩序的理解和对国民生计发展的有效措施。从这个意义上来说，彼得的改革相当于俄罗斯生活的革命。因此，他的保守的臣民都将他视为反基督的或者是一个虚假的沙皇。在短短的25年中，他就完成了俄罗斯巨大的变革。尽管有一些追随者企图恢复旧秩序，但是他的改革

图2-11 彼得一世胸像

还是使得两个世纪后的俄罗斯帝国成为欧洲大家庭中的一员。

彼得的改革是不可抵抗的，同时又是不可避免地向西方打开了俄罗斯的大门，这种说法可能并不能令人信服。尽管如此，他建立的圣彼得堡这个城市是他的政治和社会思想的实用性和象征性的范例，并高调地对俄罗斯进行了概括和描述，以至于他将此留给他继任的时候，它依然是一项无与伦比的成就。18世纪，没有其他城市可以在这么短的时间内发展得这么

快。1703年，荒芜的沼泽在一个世纪后成为国际大都会之一。这项措施使得俄罗斯参与欧洲事务成为事实。即1709年，彼得在波尔塔瓦战役中战胜查理十二的百年之后，为保卫俄罗斯的瑞典芬兰湾海岸以及亚历山大的军队与拿破仑的军队做巨大的斗争而进行准备。如果拿破仑短暂地占领莫斯科是事实，那么，两个世纪后，恰好出现了相反但却类似的占领。最终波兰被摧毁，1814年，俄国人胜利进入巴黎。

彼得的改革给俄罗斯文化的发展带来新的契机。"第一""首次"这些词语时常用于彼得时代。比如第一份报纸，海军及正规军首次建立，第一座图书馆，等等。彼得时期出现了俄罗斯第一家博物馆——与图书馆同年（1714年）建立的珍品陈列馆。最初，其展品主要是沙皇在"俄国大使团"的国外之旅中收集的一些古代文物珍品。在1716年至1717年对西欧的第二次访问中，沙皇扩大了他的收藏。珍品陈列馆的藏品也逐渐增加了国内文物。彼得一世曾经几次颁布圣旨，向民间征集宝石、古文献等珍宝

文物。向沙皇博物馆上交文物者可以得到一笔可观的酬金。

1719年，设立在彼得一世宠臣基金宫殿中的珍品陈列馆首次对外开放，展品有矿石、动物标本、畸形人解剖标本、兵器及艺术作品。很快又在圣彼得堡瓦西里岛上为珍品陈列馆专门修建了一座保存至今的大楼。据说，建馆的地方原来长着两棵树干奇异地盘在一起的松树。现在，这两棵松树还作为展品在博物馆里展览。

珍品陈列馆的顶端是高高的塔楼，俄国天文馆之一就曾设于此。从那时起，直径为3.1米的戈托普地球仪[12]就保存在这里，它是戈尔什京斯基公爵送给彼得一世的德国产品。彼得本人经常光顾珍品陈列馆，有时他甚至在这里接见外国使节。沙皇很清楚博物馆对俄罗斯人的启蒙作用，因此他颁布圣旨，在博物馆开馆的第一年里参观免费，并且还下旨："……参观博物馆者，将以吾资犒劳一杯咖啡、一杯葡萄酒或者一杯伏特加。"此项每年耗资499卢布的费用，在当时是一笔不小的开销。彼得一世说："我需要的是人们参观学习。"（[俄]尤里·谢尔盖耶维奇·里亚布采夫，2007）

3. 伊丽莎白一世的继承

彼得改革由两位女性沙皇继续下去。作

---

12 戈托普地球仪是17世纪中叶在德意志北部荷尔施泰因公国戈托普城堡制造的。它集地球仪与天象馆于一体（球的外表为地球仪，球的内里则为一小型天象馆），既是迄今为止世界上最大的地球仪（直径3.1米，表面积达30多平方米），又是世界上最早的天象馆之一（建于1664年）。其设计之精巧、历史之曲折离奇，也为世所罕见。一直被世人誉为珍奇的艺术品。

为女皇，她们开始进行自己的艺术构想。伊丽莎白一世（图2-12）本性善良，即便是在他父亲具有意大利罗可可建筑的复仇三女神的过时的城市中，她也可以自发地使简单的形式生动活泼起来。叶卡捷琳娜二世（图2-13）则偏爱更为清醒、严谨的风格，并随着时间的推移变得越来越明显，并为她的孙子亚历山大一世和尼古拉一世统治时期的俄罗斯新古典主义的最终胜利做了充分的准备。她们的建筑艺术充满了欧洲的影响，而且大部分是由欧洲人所创造。

彼得大帝的第四位继任者是与他血缘关系最密切，同时与他性格最为相似的一个。伊丽莎白·彼得罗芙娜（Elizabeth，Елизавéта Ⅰ Петрóвна，1709—1762），俄罗斯帝国女皇（1741—1762），她固执、感性、脾气暴躁但却全心全意地献身于俄罗斯。与她的父亲不同的是，伊丽莎白对莫斯科非常有感情。1742年，她于莫斯科加冕，她选择在莫斯科停留一年，建立了莫斯科从未见过的华美绚丽的宫殿，并且在她统治的20多年中，经常返回莫斯科逗留。特别是在宗教热忱复发期间，她作为一个朝圣者经常去敬拜教堂神殿。通过这种方式，这个古老的城市重新夺回了一些彼得企图毁掉的声望。而在18世纪后期，莫斯

图2-12　伊丽莎白一世

图2-13　叶卡捷琳娜二世雕像

科所有的身份和地位反映在莫斯科重要建设的发展和市郊环境上。

伊丽莎白对自己祖国的热爱掺杂着她自己法式的爱好。她曾经想嫁给路易十五 (The Beloved15, le Bien-Aimé15, 1710—1774), 而且她毕生都在试图与法国宫廷维持友好关系。而法国文化也被证明是对俄罗斯文化非常有利的。涌入俄罗斯的法国外交官以及向女王献殷勤的、欣赏名胜的游客们, 包括艺术家、投资商以及打零工的人的到来, 刺激了部分对国际事务感兴趣的俄罗斯上层阶级。这是彼得强制性改革未能引起的兴趣, 同时也可以作为伊丽莎白功绩的一种衡量。尽管她在政治和领土扩张方面并不感兴趣, 但是在她的统治期间, 看到了俄罗斯第一个伟大的现代知识分子, 著名的化学家、文学家米哈伊尔·瓦西里耶维奇·罗蒙诺索夫 (Mikhil Vasilievich Lomonosov, Михаил Васильевич Ломоносов, 1711—1765) 的出现以及俄罗斯第一所大学在莫斯科的创立。叶卡捷琳娜二世令

人瞩目的成就就是以此为基础的。这远远超过了以往任何时候对她的前一任所奠定的文化和精神基础的承认和肯定。

(4) 叶卡捷琳娜二世的发展

叶卡捷琳娜二世 (Catherine II, Екатерина II Алексеевна, 1729—1796) 于1762年至1796年在位统治俄罗斯。安哈尔特·策尔布斯特的索菲亚公主是在德国出生并接受教育的。1774年, 15岁的她嫁给大公彼得时就加入了东正教, 改名为叶卡捷琳娜·阿列克谢耶夫娜, 使用凯瑟琳为名字, 并专心致志于在俄罗斯宫廷内谋求发展。伊丽莎白去世半年后, 凯瑟琳在圣彼得堡得到警卫团的支持, 铲除了她身边的反对势力, 囚禁了她的丈夫, 并可能在几天之后, 纵容了对其的暗杀。在得到保卫支持的宝座后, 她立刻展示了她的智慧以及独特的活力和审美趣味。

这些为她34年的统治打上了显著的标记。她的纵欲程度使她的同龄人都感到惊讶; 她的观点受到伏尔泰和爱尔维修[13]的影响; 她的政治行为在保守的自由主义和传统的俄罗斯专制中交替进行; 她以法律文书的形式废除了酷刑, 然而她却因罗斯托夫大主教谴责她扣押教会财产而使其遭受了终身的

---

13 伏尔泰、卢梭、爱尔维修、霍尔巴赫等是18世纪法国启蒙思想家狄德罗在编纂《百科全书》(全称为《百科全书, 或科学、艺术和手工艺分类字典》) 的过程中形成的派别——百科全书派的中坚力量。百科全书派的核心是以狄德罗为首的唯物论者, 他们反对封建特权制度和天主教会, 向往合理的社会, 认为迷信、成见、愚昧无知是人类的大敌, 主张一切制度和观念要在理性的审判庭上受到批判和衡量。他们推崇机械工艺, 孕育了资产阶级务实谋利的精神。

单独监禁；她承诺修改俄罗斯法律而希望给予司法的公平和公正，然而她却贪婪地参与了和普鲁士、奥地利一同三分波兰的计划。虽然她性格方面上的矛盾被大家所反对，但在本质上她与18世纪的其他君主相同，她的思想是专制与启蒙的结合。

对于俄罗斯文化来说，凯瑟琳的神秘个性是至关重要的，除了彼得大帝以外，没有哪个统治者如此广泛地视察过全国各地，很可能没有人比她更全面地了解俄罗斯的传统和历史。在她的统治下，建筑艺术失去了地方主义的最后一点痕迹，对欧洲艺术史做出了一定的贡献。其他艺术门类，文学、绘画、雕塑相较建筑来说发展得慢一些，但是凯瑟琳的统治为它们的发展奠定了基础。这一时期俄罗斯艺术的伟大作品是对欧洲古典主义与浪漫主义的重要贡献。

凯瑟琳的喜好通常是一种决定性因素。彼得大帝和伊丽莎白的生活是公开的，父亲是万事通、女儿是领导者，他们的建筑也体现了他们的个性。而凯瑟琳则将她的公共生活和私人生活分开。在俄罗斯，首次出现了君主的私人生活和官方生活有不同的目的和特点，这在俄罗斯是令人难以想象的。因此，凯瑟琳统治下的建筑有三种不同的类型：公共建筑是在俄罗斯凌驾于所有目的之上的；私人建筑则为自己使用；介于两者之间的第三类是由大型的宫殿构成的，由富裕的贵族、绅士所修建的建筑群，而这种建筑类型也成为她的最爱。贵族们比凯瑟琳更不愿意淡出公众的视线，而渴望自己的建筑能够辉煌。

在俄罗斯帝国历史上，只有两个皇帝获得了"大帝"的名号：一个是帝国奠基人彼得一世，另一个就是叶卡捷琳娜二世。

2.19世纪俄罗斯社会发展与改革

19世纪是俄罗斯历史发展的一个转折时期（任光宣，2000）。在经过了基辅罗斯至17世纪初的俄罗斯传统的形成、发展过程以及17世纪至18世纪俄罗斯全面改革、欧化的过程后，俄罗斯近千年的独裁专制统治于19世纪遇到了前所未有的危机。

这一时期，资本主义在俄罗斯快速发展起来，但却受到了沙皇封建专制体制和落后的农奴制的制约，于是迅速形成了不可调和的矛盾。18世纪，俄罗斯的先进社会人士就接受了西方的启蒙思想，19世纪，这一思想得到迅猛发展，使得独裁专制制度和农奴制的改革迫在眉睫。

另外，19世纪的俄罗斯，在18世纪的欧化改革基础上，在国际社会的地位明显提高，拥有了管理国际事务的话语权。

（1）亚历山大一世时期的战争

亚历山大一世（Alexander I, Александр I, 1777—1825），俄国沙皇（1801—1825在位）。19世纪初，欧洲处于多事之秋。法国皇帝拿破仑为了实现其称霸欧洲的野心，于1812年发动了侵俄战争。俄罗斯军民奋起反抗，展开了一场波澜壮阔的卫国战争。俄罗斯在这一时期非常艰难。法军到处抢劫，肆意破坏城市和农村，侵占了俄罗斯大片的领土。1812年的秋天，法军兵临莫斯科城下，亚历山大一世权衡利弊，不得不放弃莫斯科城，留给法军一座空城，致使法军于次日烧毁了整个莫斯科。俄军撤离莫斯科后，并没有停止战斗，在博罗季诺村附近对法军展开运动战，并从侧面威胁法军，切断其同后方的联系，同时补充了军队，准备反攻。法军四面受敌，加之法军不适应俄罗斯寒冷的气候以及军队补给不力而陷入绝境，最终不得不放弃莫斯科，开始撤退。俄罗斯人乘胜追击，1814年，亚历山大一世戏剧般地顺利进入巴黎，并被推选为欧洲神圣同盟[14]盟主。至此，俄罗斯开始成为欧洲事务的仲裁者。

（2）尼古拉一世时期的动乱

卫国战争的胜利使俄罗斯人看到了法国的先进和繁华，反观俄罗斯的封建专制和落后的农奴制度，反抗情绪更加高涨。1825年，亚历山大一世逝世，尼古拉一世继承皇位。尼古拉一世（Nikolai I Pavlovich，Николай I Павлович，1796—1855），俄罗斯沙皇（1825—1855在位）。他的皇帝身份同时是波兰国王和芬兰王公。他是俄罗斯历史上最知名的反动君主，独裁专制是他统治俄罗斯的唯一手段。即位后，立即发生了反对沙皇政府的十二月党人起义[15]。尼古拉一世出动一万士兵，镇压起义。最终十二月党人起义以失败而告终。但是它的新的思想和激进的做法却影响了"整整一代俄罗斯人"（任光宣，2000）。

这一时期，俄罗斯出现了两个派别——斯拉夫派和西化派。这两个派别对于俄罗斯文化以及关于俄罗斯发展方向的论战，影响了整个19世纪的俄罗斯。斯拉夫派是俄国贵族资产阶级的代表，他们与当时的革命民主主义者相比是温和的自由主义者，在政治上属非主流派。他们欣赏斯拉夫人的文化习俗和生活习惯，倡导恢复古老的俄罗斯传统，正确认识古俄罗斯文化价值；西化派则坚决拥护彼得大帝的欧化政策。由此，产生了纷争。

---

14 神圣同盟是拿破仑帝国瓦解后，由俄罗斯、奥地利和普鲁士三个王国的国王于1815年9月26日在巴黎会晤时建立的一个同盟。欧洲大多数国家后来参加了这个松散的政治组织。神圣同盟首先是由俄罗斯沙皇亚历山大一世发起的，他也是神圣同盟的协议的起草人。

15 十二月党人起义是由俄国军官率领3000名士兵针对俄国政府的起义。由于这场革命发生于12月，因此有关的起义者都被称为"十二月党人"。

图2-14 亚历山大二世

二世是俄罗斯历史上与彼得大帝、叶卡捷琳娜二世齐名的一位皇帝（图2-14）。亚历山大二世对俄罗斯做出的历史贡献就是1861年废除了农奴制，为俄罗斯19世纪后半叶的中兴奠定了坚实的基础。

俄罗斯在1853—1854年克里米亚战争中的惨败，暴露出俄罗斯工业和政治体制落后于西方的问题。基于此，亚历山大二世开始进行了大刀阔斧的俄罗斯落后体制的改革。首先就是废除了农奴制。这一做法得到了广大俄罗斯民众的一致支持，却也因此而触动了广大俄罗斯贵族的基本利益。所以，改革并不彻底，但是却迈出了俄罗斯改变旧有封建体制，向资产阶级发展的一小步。亚历山大二世的改革不但集中在军事、社会、司法和行政体制方面，文化艺术教育方面也得到了极大的发展。

在亚历山大二世统治时期，俄罗斯艺术博物馆，即著名的特列季奇亚科夫画廊正式对公众开放（1856），圣彼得堡马林斯基剧院落成开放（1860），莫斯科动物园对公众开放（1864），莫斯科音乐学院落成（1866），俄罗斯电讯社成立

1855年，尼古拉一世死于克里米亚战争[16]中。

（3）亚历山大二世时期的中兴

亚历山大二世·尼古拉耶维奇（Alexander II Nikolaevich, Александр II Николаевич, 1818—1881），俄罗斯帝国皇帝（1855—1881在位），尼古拉一世的长子。亚历山大

---

16 克里米亚战争（Crimean War，又名"克里木战争"），在1853年10月20日因争夺巴尔干半岛的控制权而在欧洲爆发的一场战争，土耳其、英国、法国、撒丁王国等先后向俄国宣战，战争一直持续到1856年，以俄国的失败而告终，从而引发了国内的革命斗争。

（1866），莫斯科历史博物馆建成开放（1875），俄罗斯第一座发电站建成投产（1879），圣彼得堡开始了电气化时代。此外在这一时期，俄罗斯还出现了一大批艺术、医学和教育方面的社会团体，出现了第一批社会慈善机构等。俄罗斯在19世纪后期资本主义的发展明显加速。

四、19世纪建筑师的影响

建筑师作为一种职业，是通过与工程投资方和施工方合作，在技术、经济、功能和造型上实现建筑的营建的。一般认为建筑师是艺术家而不是工程师。但是俄罗斯的建筑师们不但具有艺术家的创造力，同时，也具有工程师严谨的科学态度。俄罗斯建筑从1703年到19世纪中叶充分地显示了统治者们在首都的装饰方面的参与与兴趣。相应的就对其他城市有所疏忽，同时在这一时期也降低了一些省市的地位。王朝的更替和风格的连续是平行的。这是由建筑师团队、不同人才和不同的民族所掌握的。无论在哪个时期，都是俄罗斯人和外国人（主要是意大利人、德国人和法国人）共同工作创造了一个崭新的不朽的俄罗斯风格。这个非凡的意义表达了俄罗斯人开始频繁参与到欧洲各种事务，包括艺术、社会以及政治中来的结果。这在俄罗斯建筑发展的过程中得到了有力的证实。

俄罗斯建设之初，并没有建筑师。所有建筑的建造都是由本土的木匠或工匠和外来的石匠设计并执行的。从基辅罗斯时期，弗拉基米尔大公引入拜占庭式教堂建筑开始，拜占庭的工匠与技术就一同涌入了俄罗斯。这也是外来工匠与本土工匠合作建设的开始，他们以教授或交流等方式进行着创造性的合作，凭借着自身的实践经验与技能创造出了美轮美奂的教堂建筑形式（俄罗斯早期建筑以教堂建筑为主）。事实上，最初建筑的建造者并没有留下可查询的信息。编年体中的记述，往往是以统治者、大主教或是赞助人为主要记录对象。12世纪与13世纪之交，诺夫哥罗德的圣乔治教堂建造者的名字被记录下来。编年史中也只是简单地提到"大师彼得"，并没有更多的信息。因此我们认为，他是第一个真正意义上的俄罗斯本土设计师。本土建筑师以及前有拜占庭工匠、希腊石匠，后有意大利、奥地利、德国、荷兰、法国、英国等外国建筑师的创作加盟，使得如今的俄罗斯成为世界上拥有最精美建筑的国家之一。并随着俄罗斯的文化艺术氛围的开放，越来越多的建筑师在俄罗斯创造了建筑奇迹。他们对于俄罗斯艺术以及建筑的贡献是巨大的。

值得注意的是，建筑师的选择是完全由沙皇的审美趣味和喜好来控制的。这也是俄罗斯独裁专制的体现，同时，也是俄罗斯的统治者对艺术喜爱和重视的反映。不同时期、不同国籍的建筑师因受到不同的教育以及实践经验的差异，导致创造的建筑风格也存在着明显的差异。这更多地体现在建筑装饰的细节上。

19世纪，俄罗斯社会的发展和变化、资本主义的快速发展、人民群众意识的增强以及斯拉夫派与西化派在俄罗斯发展方向上的论战等因素，使得俄罗斯在经历了17世纪的巴洛克风格和罗可可风格、18世纪的古典主义风格后，通过建筑师在实践中的不断摸索，进入一个新的建筑风格的发展时期。

1.俄罗斯本土建筑师的创造

19世纪，俄罗斯的建筑建造以莫斯科和圣彼得堡两地为盛。俄罗斯本土建筑师在斯拉夫文化复兴的大氛围中，更准确地掌握了古俄罗斯的建筑形式与装饰细节，并创造了大量的符合时代潮流和审美趣味、结合传统的新装饰。同时，俄罗斯本土建筑师也通过国外留学及考察，掌握了大量的希腊、罗马的建筑形式和装饰，并对法国、德国、意大利等国家的建筑也有一定的认知。代表人物是康斯坦丁·托恩（Konstantin Ton, 1794—1881）、安德烈·沃罗尼欣（Andrey Nikoforovich Voronikhin, 1759—1814）、维克多·米哈伊洛维奇·瓦斯涅佐夫（Viktor Mikhailovich Vasnetsov, 1848—1926）、扎哈罗夫（Andreyan Zakharov, 1761—1811）、卡扎科夫（Matvey Fyodorovich Kazakov, 1738—1812）、斯塔索夫（Vladimir Vasilievich Stasov, 1824—1906）等。这些建筑师在19世纪的莫斯科和圣彼得堡都设计建筑了大量的不朽的建筑奇迹。

2.外国建筑师的加盟

19世纪，在沙皇的支持下，国外建筑师以新古典主义风格的建筑对圣彼得堡进行了大规模的兴建。主要建筑类型包括宫殿、政府机构、剧院、交易所、医院以及部分博物馆。有的国外建筑大师终其一生工作在俄罗斯，为俄罗斯的建设做出了巨大的贡献。他们的眼界、学识以及天才的建筑天赋和创造才能以及对形式的敏感的捕捉力、对装饰的研究等，是19世纪俄罗斯建筑发展至巅峰的主要推动力。代表人物是意大利建筑师吉亚科莫·夸伦吉（Giacomo Quarenghi, 1744—1817）、卡尔·罗西（Carlo di Giovanni Rossi, 1775—1849）、法国建筑师托马斯·托恩（Jean-Franois Thomas de Thomon, 1760—1813）、奥古斯特·马特福兰特（Auguste de Montferrand, 1786—1858）。

小结

19世纪的俄罗斯在经过了俄罗斯传统文化发展的积累与向西方学习的两个相互冲突而又包容的历史发展阶段之后，以一个崭新的面貌呈现在世界面前。悠久的宗教传统、蓬勃的资本主义发展趋势、日益觉醒的民众意识、果断英明的领导者以及具有艺术天赋的建筑家等一系列的客观条件和主观动因都为19世纪的建筑艺术奠定了坚实的基础，尤其是对博物馆建筑建设的发展过程产生了巨大的影响。

第三章 19世纪以前俄罗斯建筑的主要风格特征 >>

第一节　拜占庭风格的继承

"俄罗斯的建筑史可追溯至基辅罗斯，那里最早的石砌教堂是出自希腊拜占庭大师之手。同时，他们也成为俄罗斯建筑师的启蒙者。"（俄罗斯文化_中国网http://www.china.com.cn/culture/txt/2006-06/08/content_6231586.htm）因此，可以判定早期俄罗斯在拥有土生土长的木结构建筑形式与技术的同时，继承了罗马的石砌建筑技术。从10世纪到13世纪上半叶，城市石砌建筑（教堂建筑为主）建设进入第一个繁荣时期。基辅圣索菲亚大教堂和在诺夫哥罗德用白石砌成的索菲亚大教堂里充斥着华丽、贵重的装饰。基辅的建筑结构复杂，华丽繁复；诺夫哥罗德的建筑结构简单，形式朴实。而12世纪时，弗拉基米尔和苏兹达尔的大小教堂就已经闻名全世界。12世纪末，俄罗斯形成了民族的建筑特点："教堂穹顶外面用木构架支起一层铅的或铜的外壳，浑圆饱满，很有生气，得名为战盔式穹顶"（陈志华，1979）。由于鞑靼人的入侵，13世纪俄罗斯的建筑发展基本处于停滞阶段（图3-1）。

直到14世纪、15世纪，建筑才重新开始大规模的兴建。这时期的建筑特征依然是以拜占庭风格为基础，他

图3-1　基辅　圣德米特里修道院　大天使米迦勒教堂，始建于1108—113年

们使用经过雕琢的石灰石、鹅卵石、砖等建材进行建筑建造，使建筑看起来都非常有力；开始重视（教堂）建筑外部的装饰，以圣经为内容的壁画成为主要

装饰品；14世纪末，出现了白石建筑，建筑的外墙像是被抹上了一层淡淡的白色灰浆（图3-2、图3-3）。

图3-2　莫斯科　安德罗尼克救世主修道院　主显容大教堂，约建于1410—1427年

图3-3　诺夫哥罗德　科热夫尼基圣彼得和圣保罗教堂，建于1406年

第二节　文艺复兴风格的引入

在俄罗斯建筑史上可以很容易地发现，在1475年至1830年间有三个阶段：文艺复兴时期风格（Renaissance，1475—1690）、巴洛克风格（Baroque，1690—1760）和新古典主义（Neoclassicism，1760—1830）。尽管脉络清晰但发展过程却非常复杂。16世纪是俄罗斯文化的转

折点，同时，因为伊凡三世的统治使得俄罗斯在国际上的地位得以提高。这时，俄罗斯开始与欧洲接触，大量来自欧洲的先进国家如意大利、西班牙、法国、荷兰等国家的大师们抵达克里姆林宫，包括意大利建筑师博洛尼亚、拉斯特雷利、菲奥拉万蒂、萨拉瑞和马可·弗瑞森，还有来自帕多瓦附近的蒙塔尼

图3-4 莫斯科 克里姆林宫 天使报喜大教堂，
建于1484—1489年 首次在外部采用莫斯科风格特
有的叠涩（堆叠）拱券

亚那以及阿莱维斯诺·诺维。大师
们的到来使得这一时期的建筑水平
迈上了新台阶。尤其是莫斯科作为
独立统一国家的首都，其东正教教
堂是非常有代表性的。建筑上的文
艺复兴风格经典之作当属位于莫斯
科的由传统的拜占庭式和一个意大
利式的装饰外墙结合而著称的圣马
可大教堂。同时，俄罗斯建筑师巴
尔马和波斯尼克建造的波克罗夫大
教堂（瓦西里·伯拉仁内大教堂）
远近闻名（图3-4、图3-5）。

图3-5 莫斯科 瓦西里·伯拉仁内大教堂 建于1555—1561年

第三节　混沌的过渡时期

17世纪是俄罗斯建筑发展的过渡时期，这一时期的建筑既没有明显的标志也没有独有的特征。这是一个从严肃而朴实的风格过渡到追求外部美观的装饰性的过程。这一时期俄罗斯的教堂无论是外部还是内部，都显得富丽堂皇；世俗成分不断增加。17世纪开始流行用砖，建造起大批砖砌的教堂、中心商场、宫殿、别墅，这些建筑大量使用花纹砖和彩色瓷砖。木结构建筑同时也在发展。从伊凡四世到17世纪后期，建筑师们一直在追求意大利装饰图案实质上本土效果的使用：混沌的轮廓、活泼的表面着色以及向上凝聚的簇拥的洋葱顶的至高点。而巴洛克风格是在俄罗斯与乌克兰合并后才开始传入的，最初作为传统建筑风格的饰面来使用（图3-6）。

至此，俄罗斯建筑形式依然是以教堂、宫殿、沙皇别墅为主。

图3-6　莫斯科　普京基圣母圣诞教堂　建于1649—1652年

第四节　巴洛克风格的主导以及古典主义风格的兴起

从18世纪起，俄罗斯开始融入欧洲的建筑发展道路。在彼得新建的壮丽的首都——圣彼得堡涌现出俄罗斯从未有过的公共建筑景观：大街、河岸街、瓦西里岛的街道。对称布局特点体现在莫斯科、大小城市甚至农村的建筑设计中。这一时期，彼得大帝的西化改革使得西方的影响再度变得重要起来。在彼得大帝统治初期，单调舒适的古典风格占了上风；而在末期，开始盛行豪华的巴洛克式建筑；后来，豪华、壮丽的建筑，并带有古典式、巴洛克式和罗可可式的特点的建筑风格经由意大利、德国和法国建筑师的介绍，在这一时期占主导地位。同样也是伊丽莎白女王的建筑师的拉斯特雷利充分意识到学习西方发展的重要性，并受到凡尔赛宫的启发而建造了圣彼得堡的皇家宫殿。另外，他还设计了多彩的俄罗斯装饰的外立面。

一、18世纪上半叶

巴洛克风格最初是作为传统建筑风格的饰面来使用的。"18世纪上半叶，是俄罗斯学习欧洲建筑艺术基本规律的时期"（任光宣，2000）。俄罗斯建筑师在继承其自身建筑传统的同时，对建筑结构、风格、语言、思维等进行了一系列的变革，以适应古希腊罗马、文艺复兴、巴洛克和法国刚刚产生的古典主义建筑风格。到了18世纪中叶，俄罗斯建筑与造型艺术呈现出一派繁荣的景象。俄罗斯建筑师在汲取俄罗斯古风营养的基础上，掌握了新时期欧洲的建筑艺术原理（图3-7）。

图3-7　彼得霍夫　下花园　建于1714—1722年

18世纪40年代至50年代，俄罗斯的建筑特点是集巴洛克风格、法国古典主义和罗可可风格于一身，形成了俄罗斯巴洛克风格。其代表建筑师是拉斯特雷利，代表作是彼得堡的冬宫、斯莫尔尼宫、皇村的叶卡捷琳娜宫，都是其传世之作。其建筑特色气势恢宏、轮廓清晰、色彩绚丽、图案精巧，同时装饰着精美的雕刻。但是此时的建筑形式依然是以宫殿为主（图3-8）。

图3-8　圣彼得堡　圣西门和圣安娜教堂　建于1731—1734年

二、18世纪下半叶

1860年前后，俄罗斯建筑的巴洛克风格开始衰落，俄罗斯建筑的古典主义时代到来。这一时期的建筑线条严整、造型柔和。叶卡捷琳娜大帝时期，俄罗斯建筑发展达到盛期。基本上，俄罗斯的古典主义在18世纪下半叶发展成为两种类型：一种体现在公共建筑上，建筑注重整体格局，其主体基本上都是规整的几何造型；另外一种体现在庄园和沙皇别墅建筑群中，通常是建筑主体由两侧低矮的侧翼或连廊连接，装饰上更难得地使用了精美的雕塑。其最主要的建筑特征是：用色鲜艳对比、规格严谨、以希腊式柱

廊序列的结构作为建筑的基本设计、建筑物结构的鲜明逻辑性以及建筑正面的严格对称性等（图3-9）。

18世纪末，来自一系列的经典风格中的折中主义开始盛行。卫国战争胜利后，日益增长的罗马帝国风格和法国新古典主义风格又为俄罗斯的建筑提供了新的参考模式。这为19世纪俄罗斯以不屈不挠的精神创造超越法国壮丽宏伟的建筑风格打下了坚实的基础。

图3-9　圣彼得堡　帝国艺术学院　建于1765—1789年

第四章　建于19世纪的博物馆建筑外部装饰艺术特色　>>

随着社会文化、科学技术的发展，博物馆的数量和种类越来越多。"划分博物馆类型的主要依据，首先是博物馆藏品、展出、教育活动的性质和特点；其次，是它的经费来源和服务对象。外国博物馆，主要是西方博物馆，一般划分为艺术博物馆、历史博物馆、科学博物馆和特殊博物馆四类。"（文化部文物局，1985）

本论文中将筛选后的建于或改建于19世纪俄罗斯，并分别位于莫斯科和圣彼得堡两地的6个博物馆分为3种：国立综合艺术类型博物馆、私人捐助艺术类型博物馆以及个人故居纪念类型博物馆。做这样区分的前提是俄罗斯一直是独裁专制的沙皇统治，沙皇的喜好决定艺术的一切；但是19世纪出现的民主觉醒以及有实力的商人和知识分子对艺术的参与和影响，尤其是艺术捐赠者的要求等，都使得博物馆建筑出现了新的装饰风格；故居博物馆的前身基本都是普通民居建筑或工作室。因此，按照这种划分，可以非常明确地看到因博物馆创立的条件、展出的内容、经费来源等因素的不同，直接导致建筑的装饰艺术风格的差异。

第一节　国立综合艺术博物馆类型

国立综合艺术博物馆类型是指由国家主持设计修建的，收藏了代表国家整体艺术水平的作品的公立博物馆类型。这种类型博物馆的经费来源几乎完全是由国家支付，其藏品绝大多数都是国家出面收集展示，并面向广大人民群众开放。在本论文中，将军械库、国家历史博物馆以及俄罗斯博物馆归纳为该类型中，是有一定原因的。第一，军械库是皇家博物馆，收藏了自基辅罗斯开始，俄罗斯最贵重的藏品；第二，国家历史博物馆是莫斯科的国立博物馆的代表，馆藏丰富，历史悠久；第三，位于圣彼得堡的俄罗斯博物馆是由皇室贵族的宫殿改建而成的，直接代表了沙皇的审美趣味与公立博物馆形象。

一、莫斯科克里姆林宫军械库
(Kremlin Armoury)

1.发展历史

克里姆林宫军械库，也被称为武器馆、兵器馆（图4-1），坐落于莫斯科克里姆林宫内，建于1808年，是莫斯科最古老的博物馆之一。军械库源于1508年的俄罗斯皇家兵工厂，直至俄罗斯的行政中心从莫斯科转移到圣彼得堡，这里一直是负责生产、采购、存储武器以及沙皇个人使用的珍宝、皇室起居用品等物品的机构。这里有很多门类的工艺作坊，莫斯科最好的手工艺人以及由外国聘请来的工匠都在这里工作，包括制造和修理武

图4-1　位于莫斯科克里姆林宫内的军械库

器的工匠（瓦丁兄弟）、宝石工匠（伽里拉·欧多基莫夫）、圣像画家（西蒙·瓦沙科夫）等。1640年至1683年间，这里开办了肖像和绘画作坊，教授绘画和手工艺品制作的课程。1700年，军械库被俄罗斯沙皇个人的金、银、珠宝所充满，并成为其个人的皇宫珠宝密室。

1711年，彼得大帝将主要的工匠大师都转移至圣彼得堡。15年后，军械库与克里姆林宫内负责缝制皇室人员服装服饰的作坊、负责制作华丽马具的皇家马厩、珠宝作坊以及肖像画坊合并到一起，更名为"作坊和军械库"（孙辰文，2004）。这就是我们看到的军械库博物馆的前身。1806年，亚历山大一世指定军械库作为莫斯科的第一公共博物馆，但是直到1814年，收藏才开始向公众开放。现在的军械库博物馆的建筑是1844年至1851年由俄罗斯帝国建筑师康斯坦丁·托恩（Konstantin Ton，1794—1881）设计修建的。从1852年至1870年，莫斯科著名作家亚历山大·维特尔曼（Alexander Fomich Veltman，1800—1870）任军械库博物馆负责人。

"十月革命"后，军械库的收藏来自宗主教圣器收藏室、克里姆林宫内的教堂、修道院以及私人收藏。其中一部分在20世纪30年代流于国外。1960年，军械库正式成为俄罗斯官方博物馆。两年后，宗主教圣器收藏室和十二使徒教堂被分配为军械库，以容纳并组建应用艺术博物馆。

图4-2 "法贝热"彩蛋，藏于莫斯科克里姆林宫军械库内

的象牙宝座以及宝座上的饰品，奥尔洛夫钻石[17]，雅罗斯拉夫二世的头盔，库兹马·米宁和德米特里·波扎尔斯基的军刀，12世纪出自梁赞的项链、金银质餐具、印章、搪瓷制品、乌金雕刻、用金线和珍珠制作的刺绣、皇家马车、武器、盔甲以及俄罗斯帝国彩蛋中最全的"法贝热"[18]特等品系列（图4-2）。

特殊的收藏品以及克里姆林宫院内的位置决定了军械库博物馆的建筑设计和装饰特征的特殊性。军械库博物馆建筑的设计者康斯坦丁·托恩，是尼古拉一世统治时期的官方建筑师。他的主要作品是克里姆林宫内的救主基督大教堂、宏伟的克里姆林宫的改建以及军械库的设计建造。19世纪30年代，托恩将俄罗斯—拜占庭风格的复兴首先使用于救主基督大教堂的建设中，1837年托恩受命开始设计莫斯科大克里姆林宫的同时，在同期建造了位于宫内的军械库。这个建筑的外观甚至比宫殿还要辉煌。建筑师在该建筑的外部使用了布满雕刻的圆柱，这些雕刻极具俄罗斯本民族色彩。

现今，克里姆林宫是俄罗斯钻石基金机构组织总部的所在地。军械库拥有独特的俄罗斯的收藏品以及包括从5世纪到20世纪的西欧和东欧实用艺术。一些重要的收藏品包括俄罗斯的皇冠，莫诺马赫冠，"恐怖伊凡"

---

17 奥尔洛夫钻石是世界第七名贵的钻石，世界第三大切割钻石。它有着印度最美钻石的典型纯净度，带有少许蓝绿色彩。奥尔洛夫钻石重189.62克拉。这颗钻石呈淡青绿色，像半个鸽子蛋，一边有缺口，可谓前沙俄名钻。据称当时的奥尔洛夫伯爵助情人凯瑟琳当上女沙皇并赠送这颗钻石，为了提醒情人自己的重要地位。

18 法贝热彩蛋是指俄罗斯著名珠宝首饰工匠彼得·卡尔·法贝热所制作的彩蛋的作品。

托恩[19]在设计中善于综合运用各种可利用的风格，他对于古典主义有着自己独特的解读方式，他创造出了俄罗斯—拜占庭样式的折中主义风格建筑，而正是这一风格的建筑在托恩时期的俄罗斯占据了主导地位。

2.装饰艺术特征

军械库博物馆是莫斯科最古老的博物馆之一。1851年，它作为克里姆林宫的一部分被重新修建。军械库建筑本身是对俄罗斯历史的重要体现，它位于克里姆林宫鲍罗维茨塔楼附近，被纳入克里姆林宫建筑群体。在20世纪80年代的最后一次翻修中，加装了保护藏品的现代化设备。目前，整座博物馆展出面积约为2500平方米，共有4000多件展品在9个展厅同时展出，其中一层4个展厅，二层5个展厅。

军械库的整个建筑是古典主义的风格（图4-3）。从18世纪70年代起，以花瓣、桂树和橡树枝对称图案为主的古典主义装饰艺术风格开始在俄罗斯流行，并逐步取代以不规则图形为主的罗可可艺术风格。俄罗斯古典艺术风格是以古希腊、罗马精雕细刻的古典主义艺术为基础的，在军械

图4-3　军械库博物馆建筑

库建筑的装饰中，我们可以看到俄罗斯古典主义艺术风格，是在原有古典主义风格的基础上与俄罗斯民族艺术风格相结合，创造了大量富有俄罗斯民族精神的装饰。

军械库建筑造型严谨、规整，古典主义风格的造型给人以庄严肃穆的感觉，但因其象征意义和功能的不同，装饰中又具有俄罗斯巴洛克的华丽装饰之风，不但体现了皇家的威严，更展示了皇家的富丽。建筑外立面主色调为黄色，其中，门、窗以及装饰均为白色，用色朴素简单，但却形成强烈的对比，与装饰图案一起，形成了庄重华丽的建

19 康斯坦丁·托恩，1794年出生在俄罗斯，是德国珠宝商家的儿子。曾就读于皇家美术学院，深受俄罗斯帝国风格熏陶。他于1819年—1828年间留学罗马研究意大利艺术。归来后，成为美术学院教授并开始进行一些国家重大项目的建设和改建。

筑第一印象。军械库在克里姆林宫中既是有
特色的建筑单体，又与其他建筑相呼应。

军械库博物馆是一个两层建筑，入口位
置上下两层形成结构上的门洞，是该建筑的
装饰重点。门洞是白色拱门，装饰简单、功
能明确。拱形由弧形内凹角线组成，门柱则
由长短不一的白色条形砖砌合而成。拱形与
门柱间没有多余的装饰，只有最简单的角线
形成门柱柱头，柱础敦厚、无装饰。拱门上
方，饰有白色几何形块面装饰，烘托大门的
宏伟效果。拱门两侧，分别由两个装饰壁
柱、一个"拇指形"凹槽以及长短不一的白
色条形砖包边装饰而成（图4-4）。

壁柱为古典主义样式改良而成，柱头是
简单的植物花纹与小几何块面组合而成，并
不繁复；柱身通体饰有7个精细凹槽，增强了
壁柱的拉伸效果；柱础无装饰，但是比例协
调匀称，与"拇指形"凹槽相结合，既增加
了视觉上的起伏感，又于无形中将拱门整体
的比例拉长，凸显端庄严谨之风。

白色"拇指形"凹槽上方的两个装饰壁
柱之间，有一个白色浮雕图案（图4-5）。图
案展示的是一套整身盔甲，上面架有胜利花
环，盔甲身后有两面旗帜，旗帜下面分别置
有箭、盾牌以及两把刀剑。这象征着胜利凯
旋、象征着俄罗斯不屈的民族精神，也仿佛
是两位戎装的勇士守卫着军械库。

一层正门口的装饰高潮出现于拱门上
方。在檐口下，共有四条装饰带与壁柱柱头
相连接。紧挨壁柱的一层是浮雕效果的点状
莨苕叶造型装饰。共有28个点状楔形装饰排
列，与植物造型柱头相呼应。上面一层是简

图4-4　军械库博物馆建筑入口门洞

图4-5　军械库博物馆建筑浮雕装饰

单的三角形点状装饰，与上面最有特
色的浅浮雕徽章装饰相映成趣，每组
四个小三角形的装饰与徽章间隔构成
了小装饰柱的形态（图4-6）。

军械库最有特色、最抢眼的装饰是徽章图案浮雕形成的装饰带（图4-6、图4-7、图4-8）。整体共有16枚徽章，所有徽章都与战争、武器、胜利等因素相关。徽章表现方式都是浮雕形式，白色，强调同一主题下不同元素的组合。从左至右，我们逐一分析徽章的造型：装饰着战神头像的盾牌和权杖组成的徽章，骑士头盔与号角相结合的徽章，弓箭、号角与狼牙棒的武器组合徽章，正面头盔与旌旗组合的徽章，勇士身躯与刀组合的徽章，花形图案装饰的盾牌与旌旗、刀组合的徽章，侧面头盔与旌旗组合的徽章，牛头语花环组合的徽章，刀、剑与鹰组合的徽章，侧面头盔与剑组合的徽章，权杖、斧头、刀以及双狗头、植物纹样装饰的盾牌组合的徽章，侧面的骑士面具与剑组合的徽章，贝壳形盾牌与剑组合的徽章，共13种。其中，牛头花环组合重复使用。

这些徽章图案的基本组成元素都与战争相关：刀、剑、斧、狼牙棒、号角、旌旗、盔甲、面具以及象征胜利的花环等，其中不乏俄罗斯本民族武器的特征。通过这些元素不同的组合方式形成有特色的徽章装饰。这一装饰的主体与军械库名称完全相符，同时，也体现了俄罗斯民族骁勇善战、自强不屈、不畏强权的斗争精神。特色鲜明的徽章图案装饰成为该

图4-6　军械库博物馆建筑徽章浮雕装饰（1）

图4-7　军械库博物馆建筑徽章浮雕装饰（2）

图4-8　军械库博物馆建筑徽章浮雕装饰（3）

博物馆建筑装饰的最大特色。

另外，每个徽章间由长方形带三角凹槽的白色墙砖隔开，与下面的小三角形组合的点缀形成一个小的柱式造型。徽章装饰带上面是两条装饰角线，角线的花纹与壁柱柱头

图4-9 军械库博物馆建筑二层装饰

的花纹完全相同，彼此呼应，风格整体。

　　檐口上面是二层的装饰。二层较于一层来讲，在装饰位置与手法上与一层保持一致（图4-9）。区别在于二层添加了一些装饰设计：在二层正对门口处，是一个多窗格窗口。为了与一层拱门相呼应，在二层窗口外，用白色饰面做了一个拱形门口的造型。该造型与一层拱门完全相同，比例上稍小。在窗与一层檐口之间，设计了一排共9个欧式栏杆，轻盈、细密。窗两边，同样装饰有壁

柱，每边两根，上层壁柱与下层壁柱明显不同。上层壁柱柱头是爱奥尼亚式，但是在涡卷纹下方增加了花穗。柱身无装饰、平板、白色；柱础也只是几何形的使用。壁柱之间，饰有一个集旌旗、盾牌、刀、剑、号角、手鼓、花环等元素于一体的浮雕图案，彰显胜利欢呼的热烈气氛。浮雕下方与之相呼应的是一个盾形浮雕装饰：双头鹰相互对望于盾牌两边，中间交

叉的是刀与剑，刀柄与剑柄之间装饰着一个贝壳形凹面[20]，象征着俄罗斯皇权的西化与开放，以及神圣不可侵犯。

上层壁柱的上方是五层递进式的白色普通角线，值得注意的是角线上方装饰着一条除中间窗口外，贯穿于整个建筑二层的巴洛克风格的植物蔓藤装饰带。此装饰带设计得奔放、大气、花草繁茂，具有非常强烈的装饰意味，也是皇家建筑体现其身份的装饰特征之一。

花纹装饰带上层是结构角线，多层角线通过起伏、转折处理，形成了二层中心的视错觉，使装饰有拱形的窗口看起来进深极强，增加了建筑立面的视觉效果，丰富了感官感受。

由一层正门和二层中心窗口形成了博物馆建筑入口的门洞，也形成了该建筑的装饰高潮。除了入口处的装饰，军械库的其他装饰也非常具有俄罗斯民族特色。一层和二层的装饰不同，但整体效果却非常完整。该建筑的窗饰基本相同，都是拱形窗洞设计，靠中心门口是紧邻的两扇窗，其

后，则是每扇窗相距分列。一层的墙面由黄色砖石装饰，砖石间白色勾缝。窗口为拱形窗洞，窗洞由长短不一的白色条石包裹装饰至拱形外沿，窗台为青灰色大理石板。二层墙面则为黄色涂刷，并无装饰；窗的高度大于一层，拱形相对较圆滑，窗洞内有浅浮雕几何装饰。同时，每个窗口上部都装饰有植物蔓藤浮雕。值得注意的是，在二层青灰色大理石板窗台下方装饰着巴洛克风格的动感浮雕形象。窗台两边是植物纹样楔形涡卷，中间是灯架式蔓藤回旋，下面悬饰着一个手持盾牌戎装的勇士盔甲像，身后背有号角、旗帜等表现战争凯旋的元素，由此组合而成二层窗台的装饰。

军械库整体建筑的底部由粗琢的灰色条石砌成，成为建筑的敦实基础。在军械库建筑周围，还有一组特殊的装饰——炮。炮的种类不同，有简单的炮筒、华丽的门炮还有炮车。这些炮作为展示的同时，也成为军械库博物馆建筑的一部分，起到了相应的装饰效果，使军械库博物馆看起来更加威风凛凛、庄严肃穆（图4-10、图4-11）。

小结

军械库因其坐落位置的不同而与其他博物馆建筑装饰不同。同时，也因其收藏品的

20 贝壳形凹面最早出现于莫斯科克里姆林宫内的阿尔罕吉斯基教堂（天使长大教堂）。阿尔罕吉斯基教堂是为祭祀军队的守护人天使长米迦勒而修建的，是在一座14世纪老教堂的位置上由意大利建筑师诺维在1505—1508年间建造的。在该教堂建筑腰线以上，二层半柱的柱顶上饰有蓝色帐篷顶结构。此结构并不是向外鼓出，而是正好相反，向内凹陷。凹陷部分为单扇贝壳型立雕，精美细致。此造型来源于文艺复兴时期威尼斯建筑的特点。

图4-10 军械库博物馆建筑底层周围的炮筒

图4-11 军械库博物馆建筑底层周围的雕花炮车

特殊、收藏历史的悠久而直接使其装饰效果呈现出别具一格的特色。军械库建筑整体装饰风格是古典主义的,大气、华丽,装饰紧扣主题;但是,其中的经典装饰细节又是具有俄罗斯风格的,基本都是专门为军械库博物馆建筑量身定做、设计的装饰元素。这些装饰力求展示俄罗斯的民族不屈的精神、展示沙皇至高无上的权力,含蓄地反映了该博物馆藏品的特殊性与重要性。另外,在整体建筑的装饰细节中,依然可以看到巴洛克风

格的明显痕迹。而且,这种风格的装饰十分精彩,烘托出了军械库博物馆在莫斯科克里姆林宫中的地位。在装饰特征上也体现了俄罗斯民族的包容性、创造性尤其是对徽章图案浮雕的设计和使用。

该建筑整体装饰可以说是简朴与华丽的完美结合,风格明确、装饰主题完全符合建筑背景,是19世纪中期俄罗斯博物馆建筑中民族装饰特色强烈的代表作之一,也是俄罗斯——拜占庭样式的折中主义风格建筑的典型代表。

二、国家历史博物馆
(Russian State Museum of History)

1.发展历史

莫斯科国家历史博物馆位于莫斯科红场北面,修建于1873年,是古典主义风格建筑。该博物馆于1883年向公众开放,馆藏近400万件藏品。其中,展品和档案材料丰富多样,包含了从史前遗迹到罗曼诺夫王朝时期,俄罗斯获得的无价之宝,向人们展示了俄罗斯政治、经济和文化生活的侧面,并全方位介绍了俄罗斯民族的历史和文化。

国家历史博物馆是莫斯科最古老的博物馆之一,建于1872年至1883年。1893年,博物馆上面加建了一座俄式阁楼状顶楼以及帐篷尖顶,上面建有基座小型古塔楼以及一些装饰物。现在,每个小型古塔楼楼顶都有

图4-12 弗拉基米尔·霍伊·舍伍德

意识发展的人士，组成了一个主持筹建该博物馆建筑建设的机构。该机构的董事会由谢尔盖·索洛维约夫、瓦西里·克留切夫斯基、乌瓦洛夫等历史学家组成。经过长时间多次的方案投标竞争，最终将此项目授予了弗拉基米尔·霍伊·舍伍德[21]（Vladimir Osipovich Sherwood，1832—1897）（图4-12）。

2.装饰艺术特征

国家历史博物馆（图4-13）坐落于红场北边的尽头、克里姆林宫墙和塔楼的旁边，正面面对着红场北边的驯马场广场，后面正对着瓦西里升天大教堂，整个建筑建在红场由南至北的斜坡上。该博物馆建筑造型规整、严谨，整体是由7个古塔塔楼与建筑主体结构组合而建。虽然塔楼的建筑装饰风格变化多样、视觉效果也颇具动感，但还是构建在一个相对来讲比较严谨的风格大框架之中。该博物馆建筑采用以轴线为中心，两侧完全对称的装饰立面结构。该建筑给人的第一印象是"顶着雪的红色建筑"，因其建筑装饰色彩的运用——主要建筑部分以及大面积装饰都使用赭红色[22]，而在帐篷顶、个别装饰线以及大面积的点缀装饰使用白色，浓郁厚重的赭红色与明亮耀眼的白色形成鲜明的对比，产生了奇妙、独特的效果。

不同的代表俄罗斯的标志。这些装饰都为该博物馆建筑增添了俄罗斯民族色彩，成为该博物馆的显著标志。

国家历史博物馆的前身是彼得大帝时期应皇室的要求建立的巴洛克风格建筑。其中，几个房间收藏着不少皇家的古物；其他房间在1755年，被成立的莫斯科罗蒙诺索夫大学所征用。该博物馆始建于1872年，由伊凡·扎别林、阿列克谢·乌瓦洛夫和一些亲斯拉夫派的有志于促进俄罗斯历史与国家自我

---

21 弗拉基米尔·霍伊·舍伍德，是一位折衷主义者，也是斯拉夫复兴的实践者。他是英国工程师约瑟·舍伍德的儿子。他在5岁时跟随受雇佣开凿运河的父亲来到俄罗斯。在亚历山大三世统治时期，是最著名的俄罗斯风格复兴的建筑师。

22 赭红色，咖啡色偏红，类似铁锈红。常用于建筑房屋和栏杆。

图4-13　国家历史博物馆

由于国家历史博物馆矗立在红场上，其四周都是可见立面。而该建筑正面和后面的装饰并不相同，东西两立面结构、装饰相同，因此，建筑的装饰可以分为三大部分——正立面装饰、后立面装饰以及侧面装饰。

（1）国家历史博物馆正立面

该立面由以下几个部分组成：中轴线主体结构——古塔塔楼，我们称其为主塔；两侧塔楼，称其为侧塔；主体建筑以及前广场上的雕像。

国家历史博物馆从外部结构看是一个五层高的建筑。中轴线上是博物馆的主入口（现今并不使用）——一个俄罗斯式古塔塔楼（图4-14）。该塔楼结构由下至上可分为五层，每层的功能、装饰都不相同。主塔塔楼最底层是一个宽大的拱门。该拱门简洁有力，无多余装饰细节。只有纤细的白边装饰条与建筑底层粗琢的白石基座呈弧线形相接——赭红色、白色相间；拱门上方是用于

门柱相呼应的精简的角线对拱门轮廓的强调。这就是该博物馆建筑风格粗犷的入口拱门。

拱门上方，塔楼的二层是一个过渡性的支撑结构。该部分结构承上启下，体现在门柱于上下结构的贯通。与一层门柱相比较，稍显纤细，上面装饰着点状菱形以及正方形套叠小梯形等几何形装饰；在门柱上方尽头处设有一个弧形圆拱小尖顶的凹面装饰；门柱里侧是两扇方形窗口。窗口旁粗琢的壁柱直通向上，与第三层结构壁柱相连，中间穿插多层直线角线，形成第三层结构中壁柱的柱础。这一层过渡性的支撑结构装饰简洁，主要以功能性支撑为基础。但是，在这里开始使用几何形点状装饰以及小拱形尖顶造型的凹面作为装饰。

第三层结构是古塔塔楼的塔身。该部分结构明晰、有力，以带拱顶条形窗为主体。窗外层装饰有典型的俄罗斯式的圆拱尖顶造型以及纤细的壁柱构成一个带拱形尖顶的拱门造型，与一层入口相呼应。壁柱纤细，与二层过渡性支撑结构中壁柱的柱头一同形成完整柱身。柱头与弧形拱连接处用一层白色直线角线强调装饰。壁柱外侧依旧是起到支撑作用的基础结构，有柱础、无装饰，有多层角线。

第四层结构是古塔塔楼的装饰集中的结构层。该部分装饰运用了点、线、面等基础形式要素组合而成。

图4-14　国家历史博物馆正立面主塔结构

图4-15　国家历史博物馆主塔帐篷顶结构

包括9个几何形（方形、梯形、三角形）镂空砖雕的均匀排列、5个弧形拱小尖顶凹面造型排列以及多层直线角线的贯穿，使这一部分看起来繁复、华丽，并为最上层的八边形底座、八角形帐篷尖顶起到了烘托的作用。

主体古塔塔楼的最顶层是由八边形的基座与白色帐篷尖顶以及顶尖的金色双头鹰标志构成。八边形基座上的立面有两种设计：一种是设有"拇指形"圆拱条窗，而另外一种是三个"拇指形"凹面形成的穿插排列组合。条形窗洞上设有小尖顶飞檐造型；凹面墙上设有饰以白色飞檐边的小三角形排列装饰。这样的装饰使帐篷顶底部看起来具有一个锯齿形的活泼的基座。八角形帐篷尖顶完全漆以白色与金色的莫斯科市徽标志相结合，使得主塔塔顶显著、独特（图4-15）。

国家历史博物馆中轴线上的主体结构古塔塔楼整体为长方体。五层结构层层递进、缩减；基础牢固、装饰主次分明、特别突出了对比鲜明的八角形帐篷顶，使之成为该建筑部分的装饰重点。另外，还有两座圆柱形塔楼分列于建筑的两端。为了与主塔塔楼进行区别，我们将其称为侧塔。同时，因该建筑所采用的中轴对称式结构安排，主塔两侧的建筑结构与装饰完全相同。我们在分析论述的时候，仅介绍其中一侧的建筑结构及装饰。

侧塔建在博物馆大面积砌体结构的二层上（图4-16）。因此，侧塔要高出主塔两层即更加耸立向上的八边形基座与帐篷尖顶。侧塔的平面本身就是八边形的。由于直接安放于建筑的二层之上，所以塔基非常稳固。

侧塔的结构装饰可以分为四层。塔楼的底层
是过渡结构，八边形立面中，每两面分别是
带圆拱的条形窗洞以及带圆拱形装饰的凹面
墙。这两种结构形式交叉出现于八面体中。
采用二方连续的装饰手法，每两面的柱身相
连。这样，既增加了稳定感又缓和了尖锐的
连接处。带窗洞的四面，装饰简洁，多层弧
形拱线与直线角线的柱头相连，其中有一层
突出的白色角线用来强调装饰感。壁柱通体
柱身，无柱础、简单粗犷。相接的弧线拱装
饰面中原本窗洞的位置由套叠几何形代替，
强调多层线形装饰，略显繁复。两种面体上
部的弧形相交处饰以白色漆料，形成点缀，
并与其他白色装饰形成呼应。在连接处设计
了拱形凹面，由多层拱形弧线递进加深，
强调层次感。同时，两个拱形凹面之间设有
三角形山墙状飞檐结构。直线角线简洁、有
力、稳定，构成侧塔的基层装饰。

基层上面是侧塔的塔身结构，与主塔相
比，侧塔的此部分装饰性明显增强。与基层
相同，八边形立面每两面不同，共有两种形
式：一种是两个拇指形条窗，由壁柱进行分
隔与装饰。此处壁柱纤细有柱础。柱础与柱
身之间增加了白色装饰带，柱头装饰也更加
复杂。除了基本的直线角线外，添加了一层
几何形凸起装饰带并贯穿于整层结构；另一
种形式是与之相邻的简单的素墙。除了壁
柱、柱础与柱身之间的白色装饰带与柱头
的几何形装饰带之外，无其他造型装饰。另
外，在条窗的拱形装饰的位置上，另一种以
套叠正方形替代。这一层结构的装饰重点在
拱形条窗的上部，共有两条装饰带：一条是

图4-16　国家历史博物馆正立面侧塔结构

由几何形和拱形凸起相结合形成了一
个纵深结构，阳光照射，光影斑驳，
丰富了视觉效果；一条是由块状和点
状的几何形组合，运用堆叠的装饰手
法使装饰带产生丰富的层次。同样，
装饰带上面是规整、简洁的多层直线
角线装饰。这样，侧塔的结构装饰为
烘托上层塔顶结构以及装饰做足了充
分的准备。

侧塔的第三层结构与装饰是其装
饰重点。该部分中密集地排列着几层
装饰带，是俄罗斯古风特征的集中体

现。在这层结构中，底边平面的面积与第二层相同，立面则使用了正方形套叠手法均匀排列。每个立面有相同的一组，每组5个形成底边装饰带。上面是精彩的双层弧形拱小尖顶式飞檐装饰梁托，每个立面一组，每组两个，上下堆叠。其顶面漆成白色，形成点缀与呼应；梁托上的结构与侧塔的基层结构相仿，但是每个立面仅仅只有一个拇指形条窗的位置。相连的立面中，条形窗的位置由素墙替代。每个立面都有拱形饰与壁柱相连接。其中，拱形饰夹有一层白色作为点缀。壁柱的柱头有正方形套叠组合的排列，每组3个，每个立面两组。侧塔的第三层结构平面较第二层有很大的减少，强调递进层次，凸显塔尖部分的高耸。

　　侧塔的塔顶由三部分构成：基座、八角帐篷尖顶以及塔尖的双头鹰标志。基座由两层结构装饰组成：一层是与拱形条窗造型相同的拱形条状墙洞。同样，这样有进深的装饰带的存在增加了侧塔的视觉上结构的起伏感与活力。另一层装饰带与侧塔的第三层结构的基层装饰形式相同，但比例、尺寸明显减小，在视觉上显得更加精致。这两层装饰带之间由多层角线分隔。侧塔的八角帐篷顶与主塔相比，有这样几方面差异：角度更加垂直、规模更大以及在帐篷顶中部设有被华丽装饰的拇指形窗洞

（图4-17）。共有四个立面设有该窗洞，窗洞周围从上至下分别装饰有多层弧形尖拱、体现进深的飞檐、两侧的精致的几何块状多组合柱身垂花柱础和条窗基础。这个装饰繁复的窗洞使得侧塔的八角形帐篷尖顶看起来神秘、华丽。而这也形成了侧塔与主塔相同颜色塔尖装饰的最大差异。

　　在主塔与侧塔之间是建筑的主体石砌结构，五层结构与主塔相呼应（图4-18）。由下至上，底层和二层是整个建筑的基础层，共有与主塔的柱身、柱础完全相同的4个支撑柱。不同的是，底层和二层是用白色角线进行划分；每层两个粗犷的支撑柱之间是无

图4-17　拇指形窗洞

图4-18 国家历史博物馆正立面主体石砌结构

拱形装饰的方形条窗。从第三层结构开始，与主塔第三层以拱形窗为主的结构几乎完全相同，唯一差异体现在窗洞两边的壁柱的处理上。该部分壁柱是方形柱与基层的柱础相连；柱身由正方形、梯形套叠纵向排列。其中，梯形被漆以白色，形成密集的点缀，增强了建筑的秩序感和上升趋势。同时，有白色装饰线贯穿于其中。柱头的装饰是由饰以角线的小拱形墙洞均匀排列构成。第四层结构也是以拱形条窗和壁柱装饰为主，但其装饰更加细化：两个壁柱间共两组4个窗洞，每组两个；壁柱的柱身也分裂为双排。三个大壁柱的柱头是双层的几何装饰带，明显复杂

于前面所述。最顶层是巨大的白色四坡屋顶。在主塔旁边、屋顶前设有2个规模较大的多层拱小尖顶装饰的梁托，此造型更平滑、更流畅。中间开了正方形窗洞。这种形式使建筑挺拔并增加了起伏跃动的线条。同时，大弧度的拱形中和了建筑立方体的外观，使整个建筑更添活力。

以上就是对国家历史博物馆正面立面结构装饰的分析。以主塔为中心，侧塔和建筑主体的结构与装饰共两组分列于主塔两侧，构成完整统一的正立面。正立面前方广场树立着苏

图4-19 朱可夫元帅雕像

图4-20 国家历史博物馆后（南）立面

联元帅朱可夫的雕像（图4-19）。

朱可夫元帅[23]是二战时期著名的"传奇元帅"，为打败德国法西斯的侵略做出了重大贡献，同时，其指挥艺术也对苏联军事学术的发展起到巨大作用。他是作为俄罗斯的民族英雄被载入史册的。1995年5月8日，为纪念二战胜利50周年，在红场的北面，国家历史博物馆前树立起了二战英雄

朱可夫元帅的雕像。

（2）国家历史博物馆后立面与侧立面

在国家历史博物馆的建筑结构中，值得注意的是它的后立面（南立面）——正对着瓦西里升天大教堂的立面与该建筑正立面的结构装饰并不相同。从后立面可以看到有8个大小不一的塔楼分列于中轴线建筑主体结构的两侧（图4-20）。中央是一个俄罗斯民族风格的拱形垂花门（图4-21）。

23 格奥尔基·康斯坦丁诺维奇·朱可夫（1896—1974年），苏联军事家，政治家，苏联元帅。因其在苏德战场上的卓越功勋，被认为是第二次世界大战中最优秀的将领之一，也因此成为仅有的四次荣膺苏联英雄称号的两人之一，另一人是勃列日涅夫。

图4-21　国家历史博物馆后（南）立面　垂花门

图4-22　尖顶装饰（1）

　　柱础和整体建筑的基础是暴露着本色的粗石。其门柱装饰非常复杂、细致。门柱的柱身是由不规则形块状拼叠而成。华丽的双层柱头由红色、白色交叉装饰的8个小圆柱以及3个小方柱组成。柱头上方的三角形凹面与拱门的弧形小圆尖顶相呼应。拱门上方的结构是几何形、拱形等装饰的不同组合的堆叠。我们着重分析每组4个塔楼的装饰形式的差异。这4个不同塔楼的过渡结构以及塔身的装饰大同小异，仅是在比例与层叠上稍有不同。但是其帐篷顶和连带底座却不尽相同。

　　垂花门旁边的塔顶是比较尖锐的白色帐篷顶，顶尖装饰有黑色枝蔓、金色花朵以及旗帜（图4-22），底座是密集的弧形拱凹面梁托的三层叠加；旁边矮小的塔顶基本是没

有基座的，直接在建筑平顶结构上安放坡度较缓的白色帐篷顶，顶尖装饰与上述相同；右上方的塔楼有基座，只有密集的弧形拱凹面梁托帐篷顶的尖顶却分为两层：一层坡度较缓，并可见密集的条纹沿坡度散射；一层向上挺拔，顶尖装饰有金色的双狮头顶皇冠的图案（图4-23）。两层间由一层几何形装饰带分隔开来。最高的塔楼是长方体结构基础，其基层、过渡层、塔身装饰与主题结构相同。但是，很特别的是在这里加建了一个亭式结构——八面体。每一面都是双条窗，使该结构看起来非常轻盈（图4-24）；共有三层装饰

图4-23 尖顶装饰（2）

图4-24 后（南）立面塔楼结构

图4-25 尖顶装饰（3）

带：几何形、方形小壁柱以及带三角形山墙式飞檐的弧形尖顶。上面是三层密集的弧形拱凹面梁托的叠加。其帐篷顶塔尖也是最尖锐的，坡度较大，在帐篷顶也建有华丽、神秘的窗洞，尖顶上是金色的双头鹰标志（图4-25）。

国家历史博物馆的东西两侧的结构装饰相同（图4-26），基本上也分为五个层次，从底层向上逐层装饰细化，更复杂、更密集地排列至顶层，出现该建筑中多次使用的弧形拱凹面梁托及其造型。整体装饰气势恢宏、形式感逼人。

小结

国家历史博物馆是一座色彩艳丽、组合奇妙的建筑。粗琢、简洁的基层结构，纤细、繁复的中层结构以及系统、精练而有代表性的顶层结构的装饰艺术，体现了建筑师弗拉基米尔·舍伍德的斯拉夫复兴的民族情感。同时，这也是一个更为直观的俄罗斯复兴时期出现的建筑。该建筑正立面装饰整体感强烈，有主有次，视觉效果统一；但其他三面的装饰略显琐碎、复杂，有装饰点缀过度的嫌疑。舍伍德的局限性在于他将这些元素对称地分布在建筑中央轴线的两侧，结果，使其建筑成就稍显平庸。

这就是亚历山大二世执政时期落成的由有英国血统的建筑师弗拉基米尔·舍伍德设计建造的历史博物馆。舍伍德的建筑更加具有16世纪建筑结构的精神：八角塔、帐篷顶和一个又一个的拱形梁托堆叠起来的结构性装饰。这是莫斯科代表性建筑之一，也是在19世纪俄罗斯博物馆建筑装饰发展过程中不

图4-26 侧（西）立面结构装饰分布

可或缺的建筑装饰艺术代表作之一。

三、俄罗斯博物馆

(The State Russian Museum)

1.发展历史

俄罗斯博物馆是位于彼得堡俄罗斯最大的收集俄罗斯与苏维埃艺术的博物馆，它利用的是1826年由建筑家卡尔·罗西[24]（Carlo di Giovanni Rossi，1775—1849）设计，为沙皇保罗一世皇太子米哈伊尔修建的米哈伊洛夫宫（图4-27）作为博物馆的主要建筑。该博物馆创立于1885年，由亚历山大三世下令创立。其后，尼古拉二世下令于1898年将博物馆设在这座建筑物之内，并面向公众开放。

俄罗斯博物馆是一个独特的收藏艺术珍品的机构，同时也是一个著名的艺术品修复中心，而且还是一个学术研究的权威机构。这里还对全俄罗

---

24 卡尔·罗西是意大利建筑师，他一生大部分的时间都在俄罗斯工作，他是圣彼得堡这个城市环境的总建筑师，也是古典主义的主要建设者和推动者，倡导古典主义建筑风格。

斯联邦260个艺术博物馆的活动进行监督，是研究艺术博物馆方法论的学术中心、教育中心和艺术文化中心。

俄罗斯博物馆的藏品约为40万件，主要是由米哈伊洛夫宫的藏品和沙皇郊区行宫以及彼得堡显贵——尤苏波夫、舒瓦洛夫和舍列梅季耶夫家族的实用艺术作品构成的。博物馆里保存着从彼得一世到尼古拉二世沙皇家族的不少物品。

该博物馆的主要建筑——米哈伊洛夫和其侧翼是永久展示藏品的空间，其中藏品丰富，包括了从俄

图4-27　艺术广场上的米哈伊洛夫宫

罗斯10世纪直到20世纪贯穿于整个俄罗斯历史的艺术。俄罗斯博物馆是将艺术的形式、流派、学校和运动等融为一体的文化中心。俄罗斯博物馆在国内和国外都拥有大量的展览，每年会举办近50场临时展览，并在10个以上的国家进行巡展。博物馆的研究人员会出版很多目录、图册或者小册子，方便公众对展品的参观。1992年俄罗斯联邦总统宣布将该博物馆作为特殊的俄罗斯民族文化遗产而载入史册。

俄罗斯博物馆的建筑主体是米哈伊洛夫宫，这原本是为保罗一世的儿子——米哈伊洛夫大公而建的官邸。它坐落在圣彼得堡的城市中央艺术广场上，与涅瓦大街遥遥相对。该建筑最初是由卡尔·罗西在1819年至1825年间设计建立的，是俄罗斯的新古典主义建筑的一个典范。同时，米哈伊洛夫宫也因大公夫人艾莲娜·帕夫洛夫娜经常举办的沙龙和舞会而著名。1895年沙皇亚历山大三世批准将其改建为博物馆。1895年至1898年，由瓦西里·斯蒂文（Vasily Steven）对该宫殿内部进行改建、调整后，以公共博物馆的形式面向大众开放。

米哈伊洛夫宫至今仍然是俄罗斯博物馆的主要建筑，我们对卡尔·罗西所设计的俄罗斯博物馆的建筑外部装饰做重点分析。

2. 装饰艺术特征

俄罗斯博物馆建筑对于卡尔·罗西这个天才的建筑师来说，如同圣彼得堡这个城市中心的珍珠一般。他在对该建筑进行设计的时候，力求使建筑本身与周围环境包括城市整体规划、周边建筑风格以及风景等因素保

持和谐一致。罗西被允许修建米哈伊尔斯基大街以及广场用于连接涅瓦大街——这个城市的主干道与米哈伊尔宫。由此一幅壮观的拥有优美高雅的外观和8个科林斯式圆柱组成的柱廊序列的宫殿景象展示在我们面前。

俄罗斯博物馆建筑外观主要使用黄、白两种颜色。这也是罗西在圣彼得堡建造古典主义风格建筑的专用色彩，温暖、简单、安静、不张扬，但是却徒升肃穆与庄严之感。在建筑与艺术广场之间为了划分区域，罗西加建了一道带有军事特征性质的黑铸铁栅栏。围合的栅栏与博物馆主体建筑形成博物馆宽大的院落。栅栏的正中有金色双头鹰标志以及4个荣膺的军人形象的立雕方柱，配合栅栏上粗重的铁艺盾形雕花以及金色小尖头，立刻提升了俄罗斯博物馆建筑的神圣、威严、不可侵犯的整体形象（图4-28、图4-29、图4-30）。

俄罗斯博物馆建筑结构可以分为三个部分：正面主体建筑、两侧拐角处阁楼以及低矮的两个侧翼。该建筑的装饰重点位于主体建筑的中央——建筑主入口（图4-31）。

该建筑的主入口由上至下可分为四层结构：台阶与建筑基础、一层方形立柱序列、二层科林斯圆柱序列以及最上方的饰以浮雕三角形山墙。建筑基础为棕色大块长方形条石。该基础适用于俄罗斯博物馆建筑整体。在入口处，除了房基，正前方设有15级台阶，深棕色，沉稳、大气。台阶两侧的条石基础上，分别安放了一个白色雄狮雕塑（图4-32）。该雕塑手法细腻、形象逼真，具有优美的动

图4-28　米哈伊洛夫宫用于划分区域的栅栏

图4-29 正门门口栅栏上的立雕

图4-30 正门门口栅栏上金色箭头装饰

图4-31 俄罗斯博物馆建筑正面结构

图4-32　入口处雄狮立雕以及涡卷纹

图4-33　入口处一层方柱柱廊

势。同时，为了烘托雕塑，在深色条石基础上搭建白石基础，用于陈列雄狮雕塑；雄狮两旁还有中型涡卷纹立雕，涡卷与花朵图案相结合，造型大气轻盈，与雄狮立雕相映成趣。

步上台阶，就是该博物馆建筑的主入口——由8根起结构支撑作用的极简方柱序列

与主体建筑结构承重墙组合而成的一层入口通廊。方柱的柱础纤细，由两层白色石质台板组成；柱身主要使用黄色，由白色细线将柱身进行均匀划分；柱头无装饰，依然是白色方形柱头与台板组合而成。方柱简洁、有力，虽敦厚但不显粗琢。8根方柱之间靠柱头上部的拱券结构连接，实现其稳固的支撑作用。每两根方柱间的拱洞都与建筑主体承重墙上的落地长方形窗洞相呼应。透过方柱间的空隙，可以看到白色简洁窗框，以及窗框上的拱形浮雕装饰。方柱间的拱券呈白色，由三层纤细拱形角线与白色拱券结构组合而成，无其他装饰。每个拱洞上方中央处，都装饰有狮子头立雕，立雕造型放置于白色几何形块面上形成点状装饰的效果。拱洞间的墙体部分延续白色细线划分方柱柱身的简洁的装饰手法，在墙体上进行折线划分。这样的梯形折线，在视觉上增加了建筑向上挺拔的趋势。由此，构成一层的方柱序列柱廊。柱廊两侧有深色的缓坡，呈半圆形环抱臂式直通地面，方便车行至建筑主入口，与房基、台阶相呼应（图4-33）。

方柱序列上层就是该博物馆建筑装饰的最大特点，甚至是在整个圣彼得堡古典主义建筑装饰的最大特点——8根高大的科林斯柱式序列形成的建筑外廊（图4-34）。科林斯柱式是希腊古典建筑的第三个系

图4-34　入口处二层科林斯式柱廊

统[25]，公元前5世纪由建筑师卡利漫裘斯（Callimachus）发明于科林斯（Corinth），此亦为其名称之由来。科林斯柱式实际上是爱奥尼亚柱式的一个变体，两者非常相似。科林斯柱比爱奥尼亚柱更为纤细，只是柱头以毛茛叶纹装饰，而不用爱奥尼亚式的涡卷纹。毛茛叶层叠交错环绕，并以卷须花蕾夹杂其间，看起来像是一个花枝招展的花篮被置于圆柱顶端，其风格也由爱奥尼亚式的秀美转

为豪华富丽，装饰性很强。

在该建筑中，8根白色科林斯圆柱树立在一层的方柱之上，结构上与一层相仿。同样是与建筑主体的二层承重墙共同构成建筑的外廊。这里值得注意的是，在建筑主体上的科林斯柱式，并不是圆柱，而是主要起到装饰作用的方形壁柱，柱头的使用完全一致，都是科林斯式，但是其装饰手法和结构作用完全不同。每根科林斯圆柱柱础及柱底间设有白色栏杆连接，同时起到二层外廊的围合作用。该栏杆由9根小柱形成横向序列组成，每根小柱都是由方形柱础、器物形柱身以及方形柱头构成。这些小的序列成为该建筑二层外廊冷静、庄严装饰效果的点缀。透过柱廊，可以看到清晰的带拱形装饰的条窗以及浮雕装饰带。

二层的科林斯柱廊与顶层的大三角形山墙，共同组合而成了希腊神庙式的建筑结构形式。由科林斯式圆柱直接支撑的是三角形山墙下面的横梁结构。该处结构由直线角线、花环浮雕装饰以及密集排列的几何形小比例装饰块三个装饰带所装饰。其中，花环浮雕装饰是装饰亮点。每个花环浮雕与科林斯圆柱柱头对应，正面共8个。浮雕图案由波浪纹、花环以及中间含苞的花朵组成。整体浮雕所呈现的效果是盾形。这就与俄罗斯的装饰风格产生了密不可分的联系，是罗西在进行古典主义风格建筑建造的同时，在装饰上的再创造。

25 希腊古典建筑柱式包括多利克式、爱奥尼亚式以及科林斯式。

该部分建筑的顶层结构——巨大的三角形山墙的使用与科林斯柱式序列的组合，使俄罗斯博物馆建筑完全被定位为古典主义风格建筑的典范（图4-35）。

三角形山墙结构为等腰三角形、黄色墙面、白色边线。山墙中心处装饰着一组大型的白色群雕，雕塑题材包括盾形徽章、俄罗斯大皇冠、权杖、盾牌、武器、盔甲以及人物等。群雕的内容体现了俄罗斯民族特色。三角形的三个边都有几何形装饰密集排布，值得注意的是，除了几何形，还有一层植物纹样纵向排列，形成几何形点状装饰，排列于三角形山墙的周围，为其简单、平淡的结构造型增加了华丽、繁复的皇家效果（图4-36）。

俄罗斯博物馆建筑主体结构的中心位置入口处的装饰特征完全可以归结为古典主义风格。但是在细节装饰中，还是可以看到设计者创造力的发挥。将俄罗斯民族风格特征的装饰图案、手法等融入古典主义风格的建筑中，使其产生了独特的装饰效果。

除了中心位置突出的外廊部分，俄罗斯博物馆建筑的主要结构是通体简单的长方形立面（图4-37）。由上至下，分别是房基、一层建筑结构以及二层科林斯式壁柱装饰结构。房基与中心结构相同。一层结构中，共计24个长方形条窗均匀排布于建筑的正立面。条窗装饰简洁，由白色窗框与纤细的白色窗台板组成；窗洞上方装饰着圆拱造型，圆拱中充满白色群雕——头盔、武器等题材的立体造型，与简洁的窗洞形成明显的装饰上

图4-35　二层科林斯式柱廊与三角形山墙组合

图4-36　装饰三角形山墙华丽的植物纹样组合

的对比。一层建筑墙面主要为黄色，饰以白色梯形饰线，与在入口处一层结构吻合。二层结构中，共计24个拇指形条窗均匀排布，窗洞间装饰着科林斯式圆形壁柱以及小壁柱栏杆。拇指形窗洞上装饰有白色拱形造型，无装饰，只有拱形角线。但是，在科林斯半圆壁柱的柱头之间——窗洞上方，装饰着人物群雕。雕塑内容以希腊神话为主，表现了头戴橄榄枝的人物造型辩论、集会等场景。柱头上层是与入口处三角形山墙相呼应的平屋顶，其装饰带与三角形山墙相同，并贯穿于整个建筑。屋顶建有白色栏杆护栏，形式与入口处二层结构护栏完全相同。

　　俄罗斯博物馆建筑主体结构的两侧的拐角处分列着两座相同的阁楼。阁楼的结构与主体建筑结构相同，

图4-37　俄罗斯博物馆主体建筑结构

但在装饰上增加了更多的细节。由下至上底层房基、阁楼的一层与主体结构部分完全相同；不同之处是阁楼的二层拇指形条窗由比例变大的拱门形窗洞替代。窗洞由两根科林斯半圆壁柱所划分，方形窗上设有飞檐装饰，与整体建筑的平屋顶飞檐相一致，拱形中间由方形壁柱划分，形成一个宽大的、装饰比较繁复的窗洞。窗洞两侧，分列着方形条窗。条窗的装饰简洁，并与其他窗洞装饰不同。白色角线窗框上，装饰着涡卷纹样，

纹样并不是平铺在窗洞上，而是形成立雕，装饰窗洞上部的两角。看上去与巴洛克时期的家具——条桌的两角非常相似。三个窗洞的底边装饰着白色栏杆，与整体建筑栏杆装饰完全相同。值得注意的是，在两个小窗洞上方，与大窗洞拱形装饰持平的位置，分别装饰着一个白色立体浮雕。该浮雕图案结合了花环与狮子头的造型，大气、庄重并与其他浮雕图案相呼应（图4-38、图4-39）。

阁楼是连接俄罗斯博物馆建筑主体结构与两侧低矮的长长的两翼的过渡性结构（图4-40）。因低矮的侧

图4-38　俄罗斯博物馆阁楼

图4-39　俄罗斯博物馆阁楼窗洞

图4-40　俄罗斯博物馆侧翼

翼结构，俄罗斯博物馆建筑整体呈怀抱式与黑色栅栏围合，形成俄罗斯博物馆的大型院落。侧翼只有一层半结构，在立面上，只有上下两层大小不等的共24个方形条窗。一层条窗与阁楼的条窗装饰相同；二层条窗无装饰，只有简单的纤细的白色窗洞。立面由10根多利克式壁柱进行划分与装饰，左右两边是方形壁柱，中间8根是半圆形壁柱。房顶装饰与整体结构相同。壁柱、窗洞以及平屋顶上的白色栏杆成为建筑侧翼的全部装饰。该建筑结构无浮雕装饰。

俄罗斯博物馆建筑的后面是米哈伊尔花园，结构紧凑，景色宜人。这个严谨规整的宫殿与其私人花园的建设，拥有和谐的比例和宏伟的气势，纪念碑式的庄严肃穆使人联想到由卡

尔·罗西的老师布伦纳修建的迈克尔城堡。

该博物馆建筑的装饰包括立雕、浮雕造型等，都是由许多当时世界上著名的艺术大师们共同创造的。卡尔·罗西设计了该建筑的详细规划，除了对宫殿建筑本身，从城市规划的解决方案角度看，该建筑也与周围环境达到了最大限度上的默契与和谐。除了建筑外部的结构与装饰，其内部则使用了建筑中完全重建的方案——主要在宫殿的前厅和白色房间，这些都是经典室内装饰艺术中的杰作。建筑内部的前厅包括两个宽阔的飞梯，它通向上层的画廊并由18根圆形科林斯柱式所装饰，建筑师在进行室内装饰时，严格按照古典主义的一般原则——对称和协调。

俄罗斯博物馆前面的艺术广场上，矗立着俄罗斯著名的文学家普希金[26]的雕像（图4-41）。

图4-41　俄罗斯博物馆前艺术广场上的普希金雕像

小结

　　该博物馆建筑到目前为止是罗西最具个性风格的创作。在宫殿两个拐角处简单的阁楼中间是主体建筑，面对着一个崇高的科林斯柱式和一个由8个突出的科林斯构成的柱廊，这是一个明确、大胆而又功能强大的建筑规划。宫殿并没有受到多利克式低矮两翼的影响，加建了优美的铁栏用以分隔开街道和庭院。这样的功能区域划分关系到前面方形广场上的花园以及街道。沿轴心线是涅瓦斯基大街，这样的规划是经过深思熟虑的。这是这个城市中任何宫殿都没有的无与伦比的效果，然而这个规则令人印象深刻的不只是细节，而是一种重复的间接的灵感。在内部，只有辉煌而又有些浮夸的楼梯，在19世纪宫殿被改建为博物馆时被保留下来。

第二节　私人捐赠艺术博物馆类型

　　私人捐赠艺术博物馆类型是根据两种情况进行划分的：一种是博物馆内的绝大部分展品是由收藏家私人所有，后捐赠给国家或政府使其进行管理、收藏以及展示。另一种是博物馆建立的资金是由全国私人募捐筹集的。19世纪，由于资本

26 亚历山大·谢尔盖耶维奇·普希金（Alexander Sergeyevich Pushkin），1799年5月26日出生于莫斯科，1837年1月29日逝世于圣彼得堡，是俄国著名的文学家，伟大的诗人、小说家及现代俄国文学的创始人，19世纪俄国浪漫主义文学主要代表，同时也是现实主义文学的奠基人，现代标准俄语的创始人，被誉为"俄国文学之父""俄国诗歌的太阳"（高尔基语）。

主义在俄罗斯的发展，一些贵族或商人也开始进行艺术收藏活动，他们有能力也钟爱收藏活动，他们的爱好广泛，收藏的艺术品种类丰富。在这些富有而又具有艺术鉴赏力的收藏家们去世之前，都将个人收藏的艺术珍品捐赠给国家，请国家代为管理并发展扩大。而受到这种行为的影响，越来越多的知识分子积极要求政府建立一个国家级博物馆，因此，出现全国私人募集博物馆筹建资金的现象。

该类型博物馆的经济来源最初是靠收藏家个人支付，收藏艺术品也是以个人名义。后期捐赠给国家，由政府出资维护并发展，面向人民大众展示。

一、特列恰科夫画廊[27]（The State Tretyakov Gallery）（袁园，2011）

1.发展历史

莫斯科的特列恰科夫画廊是一座收藏俄罗斯艺术作品的国家博物馆。特列恰科夫画廊坐落在莫斯科中心一处幽静的历史街区。这片街区被认为是至今为止保存较为完整的莫斯科历史街区，也是俄罗斯最早主要的艺术文化活动中心之一。

该建筑采用了当时比较流行的"俄罗斯摩登风格"（翰泉，1999），在建筑立面上饰以具有俄罗斯传统意味的浅浮雕，丰富了画廊建筑的艺术性品质，民族气息浓厚。并且采用了传统的红、白相衬的装饰色彩，成为19世纪中期至20世纪初莫斯科建筑中的经典作品（图4-42）。

19世纪是俄罗斯历史上的一个大转折时期，资本主义开始急剧发展，并与沙皇专制体制形成了不可调和的矛盾。东正教会虽然极力维护沙皇的统治并增建大量教堂以巩固教会和封建势力，但并不能阻止革命的酝酿并爆发。农奴制改革、十二月党人起义、卫国战争的胜利等加快了俄罗斯社会各个领域的发展，让俄罗斯人对社会、对人进行重新地审视，促使了文化的空前发展和繁荣，成为艺术发展的重要时代。同时，也是各种流派并存的时代，古典主义、浪漫主义、现实主义互相作用、互相渗透、互相影响。这在建筑上得到了充分的体现。其中，特列恰科夫画廊就是这一历史背景下优秀公共建筑的典型代表。

特列恰科夫画廊创始人帕维尔·米开洛维奇·特列恰科夫（Pavel Mikhailovich Tretyakov）出生于1832年，是一位富有的艺术收藏家。1898年，特列恰科夫去世后，莫斯科当局将画廊新馆与他的旧居改建用于

---

27 本小节内容已经过整理发表于《装饰》，2011年第4期，第90页。

图4-42　特列恰科夫画廊外观

博物馆使用，艺术家兼建筑师维克多·瓦斯涅佐夫（兄）[28]设计了一座连接两处的俄罗斯古风建筑，直到1902年完工。20世纪70年代末80年代初，莫斯科当局对特列恰科夫画廊进行了改建和加建的工程，即现今的特列恰科夫画廊（旧馆）[29]。

列宁发动十月革命后，博物馆的收藏规模获得相当大的扩增，加入

28 维克多·瓦斯涅佐夫，В.М.（1848年生于维亚茨基省罗比亚尔村，1926年卒于莫斯科），历史史诗画家、风景画家、肖像画家、风俗画家，乡村神父之子，巡回展览画派成员（自1878）。1882—1885年在阿勃拉姆采夫小组的家庭舞台和俄罗斯马蒙托夫私人歌剧院排演戏剧。瓦斯涅佐夫创作的主要题材是民族历史、俄罗斯壮士歌和传说中的人物，对俄罗斯历史画的发展产生了巨大影响。最主要的作品是基辅符拉季米尔大教堂的壁画（1885-1886）。他的建筑设计作品有他自己的房子（1894）、著名收藏家茨维塔科夫在莫斯科的宅邸（1897）、特列恰科夫画廊的正面设计图（1901）等。

了其他博物馆及私人收藏处得来的艺术品,使得特列恰科夫画廊成为国家级博物馆。1926年至1985年,画廊的画作经过重新整理再度公开展览,而画廊建筑本身也经过了多次的扩建。

2.装饰艺术特征

现在的特列恰科夫画廊(旧馆)坐落于莫斯科拉夫鲁申斯基大街10号(Lavrushinskiy Pereulok 10)。整个建筑群包括画廊前广场、画廊主体建筑以及分列主体两侧的展馆。广场面积不大,在一片郁郁葱葱之间以喷泉为中心,在方形石座上面放置了三个大小不一的金色画框。画框内是植物纹样铁艺与中心树立的"艺术之树"相结合,以达到结构上的稳定。同时,通过颜色对比与造型陈列突出"画廊广场"的主题(图4-43)。而分列主体建筑两侧的展馆与主体建筑相连通,色调以砖红和白色为主,建筑造型上与主体建筑保持一致,并设有拱形门廊。

主体馆外,安放有创立者的纪念石像,一个留着胡须的男人的形象安放在底座上,双手交叠胸前凝视远

方。其建造者是亚历山大·奇巴尔尼柯夫,而形象正是该画廊的创立者——特列恰科夫(图4-44)。

下面主要以特列恰科夫画廊的主体建筑为对象,分析探讨俄罗斯民族建筑外部装饰特征。

特列恰科夫画廊正门由艺术家兼建筑师瓦斯涅佐夫(兄)设计。外观呈现出浓郁的俄罗斯古典建筑风格。暖融融的土红色墙体,乳白色砖雕装饰,配以彩色的镶嵌图案使它的外表像"玛特廖什卡"[30]一样有民族特色。这座建筑本身俨然就是一件古香古色的艺术品。

图4-43 特列恰科夫画廊外广场喷泉

29 特列恰科夫画廊(旧馆)几乎收集了俄罗斯宗教美术和18世纪以后俄罗斯的所有美术杰作。而特列恰科夫(新馆)则主要展出20世纪的美术作品。新馆于1998年开馆,坐落于莫斯科克里木墙大街10号,莫斯科河沿岸的雕刻公园内,与旧馆有一定的距离。新馆的建筑风格也是现代的,与旧馆完全不同。

30 "玛特廖什卡":一种俄罗斯的实用艺术品。套娃的名称来源于一个俄罗斯女孩的名字"玛特廖娜"。1891年画家米柳金内和车工兹维奥兹多·奇金内共同制作了一个套娃,画家在这个套娃身上绘制了一个与真实人物酷似的娃娃脸,取名"玛特廖娜",是俄罗斯著名的民间工艺品。

图4-44 特列恰科夫纪念石像

图4-45 画廊主建筑外装饰

（1）主体馆外墙立面

主体馆外墙立面以土红色墙面、白色装饰面、灰色浮雕以及彩色镶嵌、金色尖拱形装饰组成。主立面结构分为四层，层层装饰、层层递进（图4-45）。

最外层建筑结构是拱形门，这也是特列恰科夫画廊的正门，建筑造型是圆拱门上方架有单薄的坡型帐篷顶。此帐篷顶坡度较缓，分别饰以土红色小块砖石、金色镂空花边以及灰色盖板装饰。在阳光照射下，金色镂空花边的阴影会出现在白色的墙面上，更增添了华丽的装饰效果（图4-46）。

第二层结构装饰分列于主门两侧，设有方形双扇木门，门上饰以土红色小块砖石砌

成的三瓣弧，与门两侧的装饰柱相呼应。木门上方架有坡型尖帐顶，此帐顶与正门帐顶相比坡度较急，而且在正下方的白色墙面上出现了几何形的点缀装饰。上述两层结构，共三个单体共同组成画廊建筑的前厅。

第三层装饰系正门后方的主体浮雕装饰。整个浮雕的运用形成了该建筑的高潮（图4-47）。浮雕分为上下两个部分：上部浮雕讲述了"圣乔治屠龙"的故事；下部有六扇被灰色植物装饰的器物形小立柱组合而成的装饰柱的拱形单扇窗。整体浮雕华丽不张扬，更多使用植物、花卉图案等

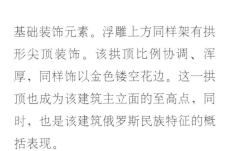

图4-46　画廊正门装饰

图4-47　灰色浅浮雕——圣乔治屠龙

基础装饰元素。浮雕上方同样架有拱形尖顶装饰。该拱顶比例协调、浑厚，同样饰以金色镂空花边。这一拱顶也成为该建筑主立面的至高点，同时，也是该建筑俄罗斯民族特征的概括表现。

　　最后一层装饰即主体建筑墙体的立面装饰（图4-48、图4-49）。由上至下共有五种装饰带，各不相同、各具特色：深棕色线角装饰；以蓝色为主色调的彩色镶嵌装饰，该装饰带的主题是自然元素，包括人像、狮子像以及植物花草纹样；下面是较宽幅白色区域，以浅浮雕形式装饰着花

边饰的俄罗斯文字，这一部分是整体立面装饰的点睛之笔；第四种是用几何形图案拼接而成的二方连续图案，其中，蓝色、粉色相间，装饰活泼有趣；最下层的饰条以四方形套色作为基础装饰，成为主立面装饰整体的完美收尾。另外，主立面下部有白色装饰带与整体装饰相呼应。同时，两边也有器物形单体组合而成的精细立柱嵌入墙体装饰。另外，根据画廊的功能，该建筑的屋顶全部使用双层玻璃密封处理，以保证自然光线的射入。

　　（2）门和窗

　　特列恰科夫画廊主体建筑中，门的造型共有3种，窗的造型共有3种。门和窗主要以

图4-48 主体立面1—3层装饰带

图4-49 主体立面4—5层装饰带

原木为材料，使用其木质本色，涂以清漆，并以木刻简单植物纹样装饰。其中，正门系圆拱形双推门，两扇门上各有一双圆拱造型玻璃。门的下半部分装饰以木刻植物形象。木门外侧共有三圈饰带：精细的白色连续花纹饰带、粗犷的白色花饰大连珠饰带以及土红色砖石与白色壁柱相结合的饰带。三圈饰带凸显了主立面入口的重要性，使入口大门华丽不失严谨，古典而又兴味盎然（图4-50）。

在主建筑结构的第二层，位于主门两侧的门为方形两扇门。这种门的造型较于主门来讲，装饰更朴素一些。上部玻璃面积不大，圆拱窗形饰以斜菱格，中部装饰有团花及自然纹样木刻，下部只有几何形边框线。

门外只有一圈饰带，风格粗犷，顶部是三瓣拱形、土红色砖石材质，连接门两侧壁柱。其中，柱头、柱础为白色，并无装饰。第三种门的造型极为简单，为双层对开木门。门的上部是饰以梅花形铁艺的圆拱形玻璃，中部和下部是木刻的花纹图样。此门为画廊现今的入口。门外饰有一圈拱形粗柱装饰，其中，柱头、柱身、柱础为白色。门的上方架有圆拱形雨搭并装饰着梅花形连续饰带，与粗柱装饰形成对比。

窗的造型相对来说更简洁一些。位于灰色浅浮雕装饰环绕中的三组六个窗口，出现在建筑的正立面。窗口均为简单的欧式拱形窗，区别在于窗中间的木质分隔是菱形还是圆形。第

图4-50 角门即现今画廊入口装饰带

二种造型的窗位于正立面墙两侧。此种造型非常有特点，为了与主门相呼应，这种窗也设计成双拱形，玻璃上饰以斜菱纹。窗框由白色花纹饰带装饰，窗上部设计了圆拱尖顶形的浅浮雕。白色装饰、白色窗台以及窗两侧的土红色与白色相间的小立柱相映成趣，将一个古典而又华丽的窗饰演绎得淋漓尽致（图4-51）。

第三种窗的造型出现在角门处。圆拱形窗的上部饰有白色平面帐篷顶，同样，立柱和窗台均为白色，无装饰。但在帐篷顶上用浅浮雕手法雕刻团花图案（图4-52）。所有的门、窗设计都是为了配合整体建筑外观设计而做，风格含蓄、特征明显、古典、华丽而又不张扬，为整体建筑

图4-52 侧立面窗口设计

图4-53 单体及组合"器物形"装饰

设计起到画龙点睛的作用。

（3）细节装饰

在建筑外立面与门窗装饰中，更多出现的是一些单体装饰的组合方式，包括"器物形""团花""植物蔓藤纹样""几何纹样"等（图4-53、图4-54、图4-55）。尤其是"几何纹样"组合方式灵活、变幻无穷，大大地增强了建筑的趣味性。比如，通廊上装饰的三角线与方形的结合，大气、规整；利用砖石的棱角，自然形成的装饰带，加之强烈的光影效果，使墙面装饰自然而有意味；还有彩色镶嵌装饰，主要以蓝、灰相间的"手指"形色块，与土红色墙面以及白色饰带产生强烈的对比，使装饰色彩活泼、丰富。

图4-51 主立面窗口设计

图4-54 团花以及植物蔓藤装饰

图4-55 几何变体装饰

图4-56 堆叠的装饰效果

另外，还有一种值得注意的装饰手法："堆叠"。这种手法的使用起源于公元9世纪的木质教堂外部装饰。当时的建筑工人是以手工直接使用斧头等工具将建筑材料——原木砍成多层堆叠，形成动感起伏的装饰效果。后期，建筑材料有所发展，而"堆叠"也不再仅仅是木制建筑的装饰手法，而是作为俄罗斯民族装饰手法之一流传至今，也成为俄罗斯典型的建筑装饰特色之一（图4-56）。在特列恰科夫画廊通廊的立面上，出现了白色方块石堆叠的效果，点、面结合，是对"堆叠"装饰手法的继承与创新。同时，也通过这一手法表现了俄罗斯民族建筑特征。

小结

特列恰科夫画廊是19世纪俄罗斯博物馆建筑的典型代表，体现这一时期莫斯科政府对公共建筑设计的重视以及对文化艺术发展的推动。19世纪由于社会的变革、民主主义和历史主义的兴起和复兴，使得建筑倾向也不再仅仅是只注重建筑物的自身，而且开始注意建筑物与其周围空间，与周围其他建筑物、广场、街道的相互关系。建筑的风格也主要考虑到建筑物造型的严谨、规模的宏大、结构的合理和外形的美观。建筑师的注意力更多地转向建造一些实用、具有功利意义的建筑物上，使得教堂为主体的城市风貌发生了变化，教堂不再像中世纪那样受到最大的重视，而城市建筑变得更加丰富多样，色彩斑斓。特列恰科夫画廊作为公共建筑形式之一——博物馆的存在，就有力地证明了这一点。

这一时期，公共建筑的兴起成为最大的城市建筑特征。其中博物馆作为文化艺术的载体，也迅速发展起来。莫斯科国家历史博物馆、普希金博物馆以及位于圣彼得堡的俄罗斯博物馆都是该时期的博物馆建筑代表。但是，特列恰科夫画廊是唯一以私人博物馆为基础的专门展示俄罗斯艺术的博物馆建筑。从设计之初，就将俄罗斯民族风格作为该建筑的装饰定位。建筑师瓦斯涅佐夫本身就是历史主义者，对俄罗斯民族建筑特征有着强烈的、敏感的辨识与把握。无论是建筑色彩、装饰带、浮雕效果还是门窗尖拱造型、几何、堆叠的使用，完全都取自俄罗斯——拜占庭风格装饰特征，并加以创造利用，使得该画廊建筑体现了典型的俄罗斯民族建筑特征，设计重点和细节处理上把握得恰到好处。

特列恰科夫画廊建筑占地8000多平方米，自1982年画廊开始修缮及新馆建设，到1995年再次正式开馆，历时13年，反映了俄罗斯建筑厚重、实干的性格和这个民族的艺术追求。丰富的色彩、华丽的装饰、质朴的手法和古典的味道一并融于特列恰科夫画

廊建筑之中，成为俄罗斯建筑的优秀代表之一。

二、普希金造型艺术博物馆（The Pushkin State Museum of Fine Arts）

1.发展历史

国立普希金造型艺术博物馆是莫斯科最大的外国艺术品的收藏馆，它始建于1898年，1912年落成。该馆收藏着从古代埃及、巴比伦直到今天各个时代的54.3万件艺术品。藏品中，法国印象派画家作品和古埃及艺术品尤为著名。该馆的文物修复机构是苏联主要文物修复中心之一，承担着本馆和其他博物馆的文物修复任务。该馆经常举办专题艺术讲座，组织少年艺术爱好者俱乐部。

早在19世纪上半叶，俄国知识分子中就产生了建立一个外国艺术博物馆的想法。1892年，特列恰科夫兄弟把自己的藏画赠送给莫斯科市，建立一个民族艺术博物馆的行动，给莫斯科知识分子以很大影响。他们开始在社会各界进行广泛募捐，旨在建立莫斯科第一个外国艺术博物馆。精通古代哲学的莫斯科大学教授、艺术史教研室主任伊万·茨维塔耶夫（著名女诗人茨维塔耶娃之父）负责筹集资金和营建博物馆大楼的工作。

十月革命后，博物馆从鲁缅采夫博物馆、国立埃尔米塔什博物馆、国立特列恰科夫画廊及私人收藏家处调入大批艺术品，丰富了馆内收藏。普希金造型艺术博物馆最初是莫斯科大学的艺术研究机构，里面陈设了很多艺术仿品供学生参观、学习、临摹、研究。1923年博物馆脱离莫斯科大学，1932年2月起称国立造型艺术博物馆（图4-57）。

图4-57 国立普希金造型艺术博物馆正面全景图

1937年，为纪念俄罗斯诗人普希金辞世100周年而改名为普希金造型艺术博物馆。1991年俄罗斯联邦总统宣布将该博物馆作为特殊的俄罗斯民族文化遗产而载入史册。

2.装饰艺术特征

国立普希金造型艺术博物馆由罗曼·克莱因[31]（Roman Klein）设计，尤里·马尔采夫[32]（Yury Nechaev-Maltsov, 1834—1913）出资兴建，工程建设于1898年开始，1912年完工。克莱因职业生涯的大部分是围绕着长达14年的普希金造型艺术博物馆的项目建设而度过的。在1896年由莫斯科国立大学主持举办的对博物馆建筑设计公开的设计比赛中,彼得·伊里奇·伯伊索夫获得了一等奖；克莱因使用伯伊索夫设计的建筑总体布局，但外部和内部造型装饰是克莱因自己的创作。这是一个明显不同于公共和商业建筑的新古典主义风格的建筑。博物馆正面具有古典主义风格，有六根圆柱支撑三角形山墙，形成建筑入口处的前廊，四周是柱廊（图4-58）。

国立普希金造型艺术博物馆建筑结构非常简洁，通体长方形结构，白色条石本色，无色彩装饰。正立面使用爱奥尼亚式圆柱序列，形成柱廊。

31 罗曼·克莱因是俄罗斯建筑师和教育家，折中衷主义者，是这一时期最多产的建筑师。19世纪末，在建筑中他开始使用俄罗斯的复兴与哥特风格相结合的设计方法；在1900年，罗马和拜占庭的专业知识也被他融入新古典主义复兴时期的发展趋势中。

32 尤里·马尔采夫是俄罗斯玻璃器皿制造商中的佼佼者，是普希金造型艺术博物馆主要的民营捐献人。他在莫斯科和圣彼得堡拥有多家店铺，具有雄厚的经济基础，而且他热爱并支持俄罗斯艺术。

整体建筑的装饰重点在于建筑的中心位置——博物馆建筑入口处的前廊以及三角形山墙上方的浮雕装饰。同样，在这一部分结构中，由下至上分别是入口台阶（房基）、前廊、三角形山墙以及上部的浮雕装饰（图4-59）。

主入口台阶为单跑楼梯[33]，共20步。大块水泥条石均匀堆砌在台阶两侧，构成房基。颜色单一，但大面积块面与纤细的台阶首先形成了视觉上的对比。步上台阶，正面是6根巨大的爱奥尼亚式圆柱与侧面的两根圆柱一同构成柱式序列，同时与建筑主体结构形成主入口的前廊。爱奥尼亚柱式是希腊古风时期柱式建筑的一种，其柱顶由两个左右对称平列的大涡卷纹组成，两涡卷之间的连接被缩成一条很小的装饰带，视觉上柱顶就是两大涡卷，具有非常强烈的装饰意味。入口处的爱奥尼亚式柱序列支撑着三角形山墙。柱头与山墙底边之间有两条比较宽阔的装饰带：一层是简单的直线角线进行分隔的装饰；一层是普希金造型艺术博物馆的俄文全称。该博物馆的山墙与俄罗斯博物馆的三角形山墙具有明显不同的特征。该山墙部分比例适中，并没有因为要增加柱

图4-58 国立普希金造型艺术博物馆

图4-59 博物馆前廊

廊的空间而加大三角形比例；山墙墙面上毫无装饰，石质本色；三角形底边仅用抽象的植物纹样密集排列，纤细、优美；等腰三角形的两边由几何形点状装饰带以及两种不同的植物纹样穿插排列而形成的装饰带分成凹凸两层进行装饰，强调了三角形山墙的中心位置。山墙部分最显著的装饰，莫过于上墙

---

33 单跑楼梯指连接上下层的楼梯梯段中途不改变方向，无论中间是否有休息平台。该处楼梯因台阶数量多，所以设有小面积休息平台。

的三角形顶尖的位置。在这里，安放了一个希腊式的立雕（图4-60）。该立雕图案题材是以植物纹样和卷草动势为基本元素，通过比例与动势的对比，构成罗马式立雕图案。

三角形山墙后面是建筑主体结构的装饰重点部分——浮雕群像。该浮雕综合了奔跑、交流的健壮男青年，马车，骏马等元素，表现了一派繁忙、兴旺的场面。该浮雕手法细腻、造型奔放，颇有古罗马的豪放古风。在群雕上面是一条由不同植物叶片纹样穿插组合的装饰带。该装饰与建筑前廊的各种装饰相辅相成。前廊的顶部左右两边分别设计一个辅助性的三角形结构造型，墙面上有纤细的植物花草纹样，底边由5个点状花朵浮雕图案装饰。该部分与三角形山墙的造型相结合，通过比例及装饰力度的不同，烘托博物馆建筑主入口的突出位置（图4-61）。

该建筑前廊部分与两侧的柱廊是相同的。因此，基本位置、建筑高度、装饰形式等都完全相同（图4-62）。不同的是，在主体建筑前廊的两侧，各有10根立柱。其中，9根爱奥尼亚式立柱，两侧最外端的是起到承重结构的方柱。方柱柱身比例尺寸一致，这与秀美的爱奥尼亚式形成了视觉上的对比。透过柱廊的空间可以直接看到通廊后，建筑主体结构上大比例的方形条窗以及窗上方的砖雕群像，这一部分的砖雕表现的是集会、讨论的热烈场面。通廊上面基本无装饰，仅是在房顶最高处与前廊部的点状花朵浮雕图案相呼应。

小结

国立普希金造型艺术博物馆是俄罗斯19

图4-60　三角形山墙顶部立雕装饰

图4-61　三角形山墙顶部结构

世纪末20世纪初唯一专门为了建设博物馆这种建筑形式而作的建筑设计。换句话说，该建筑在设计之初，目的就非常明确，即建造一个开放于大众的、收集外国艺术的博物馆。由于其建筑功能明确、建筑风格固定，那么在该博物馆建筑的装饰中就出现与其他博物馆不同的特征——简洁、明确、庄严、优美，同时散发着浓郁的艺术气息。这也是资金捐助人所期望的建筑装饰风格特征的展示。该博物馆建筑堪比欧洲帝国主义风格建筑，是这一时期，博物馆建筑古典主义风格代表。

图4-62　前廊与通廊

第三节　个人故居纪念博物馆类型

　　顾名思义，故居博物馆就是艺术家生前所生活过的地方或者晚年居住的地方。故居博物馆通常直接由住所直接改建或者保留所有人生前生活的原状，以展示其生活状态、创作过程等，目的是让参观者了解更多的所有人本人的信息。在俄罗斯，有大量的个人故居博物馆。艺术家、文学家、思想家等的故居博物馆都得到了相应的保护和管理，丰富博物馆类型的同

时，也增添了更加多样的博物馆建筑装饰形式。

瓦斯涅佐夫（兄）故居博物馆
(House—Museum of Victor Vasnetsov)

　　1.发展历史

　　瓦斯涅佐夫（兄）博物馆坐落在莫斯科瓦斯涅佐夫大街13号幽静的街区中，这里是画家维克多·米哈伊洛维奇·瓦斯涅佐夫的故居。从1894年开始，瓦斯涅佐夫就一直住在这里，瓦斯涅佐夫（兄）故居博物馆于

1953年开馆，1985年被划分为特列恰科夫美术馆的分馆。

维克多·米哈伊洛维奇·瓦斯涅佐夫（Viktor Mikhailovich Vasnetsov，1848—1926），生于维亚茨基省罗比亚尔村，卒于莫斯科，是俄罗斯著名的历史史诗画家、风景画家、肖像画家、风俗画家、建筑师，是一位专业的神话和历史主题艺术家，他被认为是俄罗斯艺术复兴运动的关键人物之一（图4-63）。

瓦斯涅佐夫是乡村的神父之子，画家阿·米·瓦斯涅佐夫的兄长。曾就读于维亚茨基省神学院，学到了一流的绘画技巧。1867年至1868年在圣彼得堡艺术鼓励社的绘画学校学习；1868年至1875年进入美术学院历史画班；1876年至1877年在巴黎生活并工作。

1876年搬到莫斯科，成为巡回展览画派[34]成员，同时他还是阿勃拉姆采沃画派[35]的代表艺术家。其早期的作品多表现小市民的生活，迁居莫斯科后，开始以传说、民间故事为题材创作油画。他选择的创作题材与一般画家不同，喜欢描绘俄国民间传说和史诗中英雄人物。他的作品构图新颖，色彩绮

图4-63　瓦斯涅佐夫自画像

丽，形象富有幻想性。

瓦斯涅佐夫多才多艺。除了从事风俗画创作，还从事舞台布景、装饰画、风景画和插画等创作，同时也做建筑设计。根据他的设计，1881年至1882年在阿勃拉姆采沃庄园里建造了教堂；1882年至1885年在阿勃拉姆采沃派的家庭舞台和俄罗斯马蒙托夫歌

---

34 巡回展览画派是1870年至1923年间由俄国现实主义画家组成的集体，成立于圣彼得堡，发起人为伊万·尼古拉耶维奇·克拉姆斯柯依、瓦西里·格里高里耶维奇·彼罗夫、米亚索耶多夫等人。巡回展览派画家摒弃俄罗斯学院派画家的唯心主义美学，以批判现实主义为创作方法和原则，决心把绘画艺术从贵族沙龙里解放出来，主张真实地描绘俄罗斯人民的历史、社会、生活和大自然，揭露沙俄专制制度和农奴制。

35 阿勃拉姆采沃是距莫斯科70公里的一个庄园，归实业家马蒙托采所有，建有一个艺术中心，内有画家群体，形成画派。其作品大多是俄罗斯民俗艺术和新艺术。

剧院排演戏剧。他创作的主要题材是民族历史、俄罗斯壮士歌和传说中的人物。这对俄罗斯历史画的发展产生了巨大的影响。他设计了莫斯科的历史博物馆"石器时代"的檐壁（1883—1884）、彼得堡基督复活大教堂的马赛克镶嵌图（1883—1901）、塔尔姆施塔特的俄罗斯教堂的马赛克镶嵌图，最主要的作品是基辅弗拉基米尔大教堂的壁画（1885—1886）。他的建筑设计作品有他自己的住所（即现今的瓦斯涅佐夫故居博物馆）、著名收藏家茨维塔克夫在莫斯科的宅邸（1897）、特列恰科夫画廊的正面设计图（1901）等。在实用装饰艺术领域，他绘制了阿勃拉姆采沃和莫斯科古斯塔尔博物馆的家具和雕刻品的草图。他的创作充满对俄罗斯祖国的热爱和英雄主义诗情，创造了人民大众喜闻乐见的艺术形式。

2.装饰艺术特征

瓦斯涅佐夫故居博物馆是一座外观独特的木建筑，利用俄罗斯的圆木作为建筑的主要材料，建筑分为两层，主要由三个结构单位、一个院落、一条通道构成。建筑错落有致，简朴而又古典，该建筑的主色调是白色和绿色，配以木质原色以及砖红色做点缀（图4-64）。

图4-64　瓦斯涅佐夫故居

该建筑于1893年至1894年间由瓦斯涅佐夫亲自设计、绘制草图并建造，是瓦斯涅佐夫家人生活与工作室相结合的住宅。该住宅建筑设计是新俄罗斯风格的光辉典范。它结合了俄罗斯古典方法与新生的现代主义原则，整体建筑结构紧凑，方便实用，同时又独具特色。该建筑层高只有两层，但顶高却非常高，空间容积非常大，敞亮实用。建筑最有特色的结构单体是具有浓郁俄罗斯民族风格的木翼阁楼。同时，窗框、琉璃瓦装饰也是瓦斯涅佐夫作为艺术家的丰富想象力的灵感捕捉。在瓦斯涅佐夫故居博物馆建筑中，一层原属艺术家生活的范围，二层是艺术家进行艺术创作的工作室。建筑的内外装饰都是木质、清新自然而又粗犷的俄罗斯风格。后院花园里种植着各种树木花草，与木制建筑相映成趣。我们重点分析该建筑的外部装饰。

整体建筑临街的部分是院门和一楼的大开间客厅的南立面，院门的设计非常独特（图4-65）。由于瓦斯涅佐夫也是特列恰科夫画廊正立面的设计者，所以，在该建筑的设计细节中，可以找到与特列恰科夫画廊的相似之处。首先，院门被设计成两部分：供行人出入的单人门和供车辆出入的双扇大门。左边单人门上修建了一个门楼，与最右边的门柱小尖塔相呼应，门楼由顶部的梯形顶、角线、几何形装饰、套层的尖鼓顶造型、器物形门柱以及柱墩构成。梯形顶的材质是铁，上刷绿色漆料，无尖顶、无装饰；两层赭红色角线间装饰着赭红色的菱形浮雕图案；尖鼓顶造型圆润，仅是线条勾勒，无

图4-65　瓦斯涅佐夫故居院门

装饰。与单人木门上方的简单桶形线刻一起，轻松营造出俄罗斯风情。单人木门两边设计有赭红色的"器物"变形、拉伸后造型的粗柱，色彩上与角线、几何形装饰相呼应；柱墩粗琢、绿色、无装饰。双扇大门上也建有铁皮雨塔，单人木门和双扇大门本身呈绿色，无装饰，只有木门上的方形线刻。大门右边的门柱是一个尖塔造型，高度与单人木门门楼持平，顶部是锥形尖顶，下部装饰结构与门楼相同。这种组合共同体现了活泼、有趣、朴实而又民族风的建筑第一印象。

穿过单人木门进入院内，地面由碎石块铺设，形成院廊并直通现为仓库的木制小屋。左手边就是该博物馆

图4-66 木翼阁楼入口

全穿连包围木门。中间间隔淡黄色椭圆形柱结作装饰；外围还设有一圈圆形并不明显的白色角线。木门上面的雨搭设计非常抢眼，使用涡卷纹铁艺，向门前出挑并与水泥台阶持平。涡卷纹动感十足，同时有大小涡卷变化，增加了门口处的轻盈感；铁艺上方架有流线型雨塔，雨塔边装饰有细密的几何形齿纹。木门两边是在白墙上面的两个浮雕小装饰——三层拱顶轮廓线，通过凹凸不同形成一个尖拱窗形，白色，融合于墙面。木门右边是一个方柱，无装饰。柱头的几何形装饰贯穿整个木门上方的墙面。这层装饰与木门雨搭的装饰边纹样相同，前呼后应，形成入口处的多层次突出效果。

入口的上方就是木翼阁楼的主体，这一部分成为该建筑的看点并不是因为华丽的装饰，而是天然的圆木材料、民族风格的装饰造型以及俄罗斯古建筑的建造手法。这三种因素的结合，形成了瓦斯涅佐夫故居博物馆与莫斯科甚至是俄罗斯其他博物馆建筑装饰最大的不同。

经过考察发现，木翼阁楼的立面与特列恰科夫主立面的造型有些类似，但瓦斯涅佐夫博物馆的阁楼造型更加质朴、更加平民化（图4-67）。首先，阁楼上部全部由圆木构成，通过横向、纵向的圆木咬榫[36]而成，立面可见的纵向圆木的切面，与横向圆木形成趣味组合；阁楼上有五个拇指形条

的主体建筑——最有装饰特色的木翼阁楼。从门口的碎石地面中独辟了一条由砖块立面斜铺的小路，将视线和路线一并引至主体建筑的入口——木翼阁楼。入口处两级水泥台阶上是一个蓝绿色木门，门口不大但是装饰非常有特色（图4-66）。双扇门上每扇都有半个拱顶造型，关起门后就拼接为一个整体的拱顶，无装饰，只用白色与蓝绿木门区分。门框外设有一圈白色圆柱形结构装饰，无接缝，完

---

36 竹、木、石制器物或构件上利用凹凸方式相接处凸出的部分，学名称"榫"。也表示框架结构两个或两个以上部分的接合处。

图4-67　木翼阁楼

图4-68　大三角山墙

窗，四个窗洞在阁楼中部，一个窗洞开在顶部。造型呈尖拱式、坡度陡，饰有圆形鼓座切面造型，饱满、流畅。该造型由圆木边拼接而成，拱形裙边摆度很大，张力十足，配合造型设计了四条无装饰拱形轮廓线，层层递进形成纵深感。最外围饰有木制锯齿边，朴实中凸显细致。木翼阁楼整体色调为圆木材质本色，圆木表面可见斑驳，更增加了历史感与沧桑感。另外，阁楼尖拱顶的侧面平铺部分绘有赭红与绿色相间的菱形四方连续图案。从斜上45°处俯视整体建筑，才会看到该图案装饰，活泼、欢快的颜色与质朴、流动的造型，无形中强调了俄罗斯独有的民族风格。

与木翼阁楼相连的是该建筑的正房，此建筑单体参照古典主义风格，使用了希腊神庙建筑中的大三角门楣双坡屋顶（图4-68）。屋顶坡面漆以绿色，立面大面积白色，三角形门楣底边饰以绿色。基本上，该建筑单体结构可分为三部分：底部是绿色房基，无装饰。中间部分以白色墙体为主，立面共有四扇窗、侧立面两扇窗。由两根结构方柱作为三角门楣支撑的同时，以在墙体上显露半柱的形式作为墙面装饰。方柱本身无装饰，柱头平缓。在柱头的中间部位，装饰着一个蓝、绿马赛克花朵装饰图案。与方柱柱头平行并贯穿整体建筑立面的是一条由正方形彩色浮雕釉面砖组成的装饰带。其中，方形彩砖有蓝白相间、黄白相间、黄蓝相间三种组合形式。彩砖图案的种类是固定的：蓝白相间的方形砖面上，按照四边向中央靠拢的趋势将图案排布。中间白色椭圆形上分布中小凸起。四个角是状似波浪的涡卷造型；黄白相间的方形砖面上，多是不规则排列着状似植物叶片造型，也有凸起部分。这些彩色的装饰砖全部由瓦斯涅佐夫设计并烧制而成。方砖上的图案也是他亲手绘制的。彩色方砖整体装饰风格粗犷并不精细，但方砖上的绘画笔触却清晰可见，可谓粗中有细。由于釉面砖在阳光照耀下会反射出光泽，给质朴的建筑风格平添了一丝华丽。

建筑中部的主体是四扇窗，造型完全相同，赭红色的木质窗格装饰着与门口相同的细圆柱结构造型。不同之处在于，窗饰细圆柱在窗洞的正上方形成小小的尖拱，与窗格相呼应地设计了柱结；窗格上部的细柱上装饰有螺旋纹、小尖拱造型与角线相接；柱结的造型并不相同，有圆鼓形、花弧形以及柱础形，分为三组，每组各两个分列于窗洞两侧，使得窗洞有整体向上的趋势。绿色的窗台板上面是三层递减的支撑结构，形成了敦实、厚重的窗口形象。

该建筑单体的上部就是白色三角门楣。由于这种结构的使用，室内空间变得非常宽敞。三角门楣为等腰三角形，两面坡屋顶是绿色，三角形腰线部分是白色粗角线，无装饰、简洁、大气。三角形底边线为绿色，与屋顶颜色相呼应。三角形立面的主体是三个紧挨着的造型完全相同的条形窗。同样是赭红色的木质窗框由螺旋纹细柱装饰。窗洞上方是螺旋纹细柱形成的等边三角形装饰，中间墙面饰有4块彩色方砖。在三扇窗的上部是由12块彩色条形浮雕砖组成的装饰带，其中，主要的墙面装饰是浮

雕花朵图案。沿着三角形门楣的两条边线，装饰着四条纹样装饰带：长方形凹凸透雕纹样、三角折线连续纹样、菱形立雕纹样以及普通角线。其中，三角折线纹样与整体门楣的造型以及窗洞造型相呼应，使建筑立面富于严谨、有秩序的动感。同时，也体现了瓦斯涅佐夫对古典主义风格的理解、创新与应用（图4-69）。

窗洞上方的装饰是螺旋细柱组成的等腰三角形，外部饰有角线。窗口连续形成三角折线装饰面。每个螺旋纹边框中是4块方砖组成的图案。该处的方砖不同于中部装饰带中的图案，以果实和花卉为描述对象，颜色、形式等均与其他相同。方砖图案的颠倒使用，增加了装饰的趣味性。

值得一提的是，建筑主体上的烟囱也是经过精心装饰的，红砖垒的烟囱上面装饰着几何形的烟筒，与坡屋顶配套使用绿色。

主体建筑北面是四面坡屋顶，房屋很高。建筑二层内部是瓦斯涅佐夫的工作室。该建筑单体因隐藏在院落深处，无特别装饰。建筑腰线以上饰有几何形浮雕装饰角线。值得注意的是，该建筑的东立面，在阁楼北部瓦斯涅佐夫设计了一个高于檐口的方柱，柱顶装饰着几何形小尖塔，与四面坡屋顶、双面坡屋顶上尖耸的烟囱以及大门口门柱上的小尖塔遥相呼应，使建筑统一在一种和谐、有序而又风格十足的建筑氛围中。

小结

瓦斯涅佐夫故居博物馆因最初是民宅，所以在建筑设计和装饰上更加注重个人风格与民族情趣。在该博物馆建筑装饰中，我们

图4-69 瓦斯涅佐夫故居全景

可以清晰地看到瓦斯涅佐夫的设计本意——将不同类型的艺术风格基础上的国际和地方传统相结合，建立并体现了创造力的多样性。其中，或淳朴、或简洁、或粗犷、或精细的装饰造型与手法融于该建筑一身。多样风格融合的同时，为俄罗斯博物馆建筑装饰留下了独具魅力和研究意义的现实装饰范例。

该建筑的装饰艺术风格清新、严谨、趣味性浓厚。整个建筑装饰散发着浓郁的俄罗斯民族风格特征。

第五章　19世纪博物馆建筑特征来源及发展阶段　>>

19世纪俄罗斯博物馆建筑装饰艺术通过其外在装饰特征得到具体体现。在建筑师以及艺术家对博物馆建筑进行装饰的艺术创作中，遵循了象征主义[37]表达的重要法则。在建筑装饰艺术创作中通过对色彩、材料、元素、装饰手法等综合要素的运用，形成一套完善的建筑装饰系统。

本章重点研究和分析的19世纪俄罗斯的6座博物馆建筑装饰中，每种用以装饰的形式要素都有其特定的象征含义，或是对俄罗斯建筑民族传统的追忆，又或是对西方古典主义的致敬。无论是何种建筑装饰风格的倾向，其装饰要素都能够在建筑装饰历史中找到其出处与原型。笔者认为，对19世纪博物馆建筑装饰中的形式要素的追根溯源，可以使我们对俄罗斯建筑艺术的发展有更加清晰、准确的定位。同时，梳理装饰艺术形式要素的发展演变过程，无疑是对其建筑装饰风格演变最客观的解读。

第一节 建筑外部装饰特征来源

在19世纪俄罗斯博物馆建筑装饰艺术风格中，基本上体现了两种风格倾向——俄罗斯本土建筑风格以及西方建筑风格。同时，不乏对这两种建筑艺术风格特征的继承、结合以及再创造。我们将19世纪俄罗斯博物馆建筑装饰艺术中的形式要素分解开来，针对其发展源头依次论述。根据对19世纪俄罗斯博物馆建筑装饰个案的具体分析，我们将其建筑外部装饰特征概括为色彩、材料、元素以及装饰手法四个部分。通过对这四个部分具体形式要素的分析与研究，准确地掌握19世纪俄罗斯博物馆建筑装饰特征的来源。

一、建筑装饰要素之一：装饰色彩

建筑色彩往往体现出特定的文脉，其艺术感往往是决定一个建筑甚至是一座城市给人第一印象美好与否最直观的视觉因素。"在文化发展的早期，建筑色彩更多的是表达象征意义。"（刘伟忠，2006）而对俄罗斯这个有着悠久历史的古老民族来讲，色彩更是有着与众不同的象征和应用。在俄罗斯民族文化中，对色彩的象征意义有着具体的表述（图5-1）——红色：耶稣血液的颜色，

---

37 象征主义，名词源于希腊文Symbolon，它在希腊文中的原意是指"一块木板（或一种陶器）分成两半，主客双方各执其一，再次见面时拼成一块，以示友爱"的信物。几经演变，其义变成了"用一种形式作为一种概念的习惯代表"，即引申为任何观念或事物的代表，凡能表达某种观念及事物的符号或物品就叫作"象征"。

代表着基督战胜敌人后胜利的形象，它曾是罗马最高政治权力的象征。红色是战争的象征，表示勇敢和勇气，也是人和人的生命的象征；白色：纯净和神圣的象征；蓝色：代表真言和上帝之荣耀，象征着天穹和上天之爱，是神圣的精神；绿色：象征着生命、成长、繁荣；黄色：象征火焰、净化、考验；金黄色：上帝的荣誉与存在的象征；紫红色：沙皇权力和尊严的象征。

色彩传统的形成往往包含着人们对周围环境色彩的模仿或对某种稀缺色彩的渴求（陈飞虎等，2007）。俄罗斯人钟爱亮丽的色彩，偏好红、蓝、白三色，这在俄罗斯国旗中就有所表现。这也代表了俄罗斯人的英勇以及对神圣精神的崇拜。在建筑色彩上，俄罗斯人喜欢明亮的黄色调、白色、淡蓝色以及金色。其中白色和金色几乎是在俄罗斯民族建筑装饰中必须使用的颜色，而其应用则是与其他颜色进行搭配，作为建筑装饰的点缀（图5-2）。这种建筑色彩的搭配使用在19世纪俄罗斯博物馆建筑中屡见不鲜。而这样对待色彩喜好的原因可以归结为俄罗斯的心理和地域原因。俄罗斯民族嗜好明亮的色系，与其所处的地理位置与气候条件关系非常密切。俄罗斯由于冬季漫长寒冷，所以像阳光一样灿烂的暖色调就成为俄罗斯人最好的心灵寄托。而雪一样的白

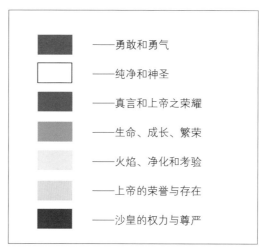

图5-1 俄罗斯民族文化中色彩的象征意义

- —— 勇敢和勇气
- —— 纯净和神圣
- —— 真言和上帝之荣耀
- —— 生命、成长、繁荣
- —— 火焰、净化和考验
- —— 上帝的荣誉与存在
- —— 沙皇的权力与尊严

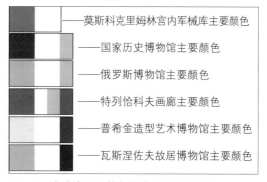

图5-2 文中出现的博物馆建筑的色彩搭配

- —— 莫斯科克里姆林宫内军械库主要颜色
- —— 国家历史博物馆主要颜色
- —— 俄罗斯博物馆主要颜色
- —— 特列恰科夫画廊主要颜色
- —— 普希金造型艺术博物馆主要颜色
- —— 瓦斯涅佐夫故居博物馆主要颜色

色也是俄罗斯人对其特有银装素裹的地域色彩表征的一种高度概括与心理认同。因此，俄罗斯的建筑色彩给人的印象就是明快的、欢乐的、畅快的。

建筑色彩除了是对情感的表达之外，还会对建筑本身产生一定的影响即色彩的节奏感。不同的色调、规则的明暗变化都会对人产生一定的心理影响。就19世纪俄罗斯博物馆建筑而言，其建筑色彩非常丰富，冷色调、暖色调的应用都有，这在不同类型的博

物馆的建筑装饰上得到了直观的体现。本章重点讨论的博物馆建筑的色彩搭配（图5-2）。

通过图5-2中的建筑主要配色可以看到，在俄罗斯博物馆建筑中，最常用的两种颜色是白色和金色。无论风格如何变换，白色始终是俄罗斯博物馆建筑中的基础色彩，常用于建筑的大面积墙面；而建筑装饰的点缀则是金色，多用于尖顶饰和尖拱或山墙的镂空花边。另外，在俄罗斯风格的建筑装饰中，更多地使用民族传统色彩中的赭红、土红以及圆木实色；在古典主义风格建筑中，则更多地直接使用石材的本色浅灰色、深灰色等。建筑材料本色应用的做法不可忽视，这种色彩可以追溯至基辅罗斯时期的木结构教堂建筑以及拜占庭文化传入后的石砌教堂的建筑。这一时期，建筑的颜色都是建筑材料的本色，红褐色橡木的民居以及沙皇别墅、白石教堂等都是材料本色的直接应用。在19世纪俄罗斯博物馆建筑中，这种材料本色的使用基本代表了两种风格倾向的极端：瓦斯涅佐夫故居博物馆（图5-3），因其最初的建筑目的是住宅建筑，建筑师自身的喜好和个性体现得更加充分，俄罗斯民族风格意味就更加强烈；而国立普希金造型艺术博物馆建筑（图5-4）则是以建立博物馆为目的的设计，直接使用石砌结构以及大理石本色，完全体现了古典主义的风格特征。

因此，我们可以得出结论，在俄罗斯，建筑色彩的应用是建筑装饰的基本特征，这是从古俄罗斯流传下来的建筑装饰传统之一。

图5-3 瓦斯涅佐夫故居博物馆木材本色

图5-4 普希金造型艺术博物馆石材本色

二、建筑装饰要素之二：装饰材料

在建筑色彩的材料本色的使用中，我们提到了两种建筑材料——木材与石材，它们是俄罗斯建筑建设的基础。在本书的第二部分，就对木结构建筑以及石结构建筑进行了深入的探讨。在这里，我们对这两种材料的特性进行归纳与总结。

木材在早期俄罗斯的使用范围非常大。在拜占庭文化与建筑形式还未传入俄罗斯时，因其所处的地理环境与气候的影响，木材一度成为斯拉夫地区唯一的、基础的建筑材料。随着皈依东正教，希腊石砌教堂的建筑技术被引入俄罗斯，从此，俄罗斯也开始使用石材进行建筑的建设。但是，仅限于教堂建筑和宫殿建筑。因俄罗斯的火灾肆虐，木材的缺点很快暴露出来，但是因其技术的流传以及材料的易得，被烧毁的建筑又会在很短的时间内重新建立起来。直到防御工事石材化的开始，石头作为统治者所必需的建筑材料才在俄罗斯正式发展起来。

石结构建筑规模大、气势恢宏、坚固而且不容易毁坏。18世纪，彼得大帝的西欧之行，促使他下定决心建立一个以石头为主要建筑材料的城市——圣彼得堡。至今，圣彼得堡的建筑恢宏大气、庄严肃穆，城市规整有序。这些特征被展现的前提就是使用的建筑材料依然是石头。

木材给人的感觉是温暖的，石材给人的感觉则是冰冷的。而砖混结构在19世纪的俄罗斯得以发展。更多的古典主义风格建筑在使用石材的同时，也会利用砖混结构与色彩的搭配使用来体现其建筑风格。俄罗斯博物馆（图5-5）就是其典型代表，砖混结构与明亮的淡黄色以及白色的使用将俄罗斯博物馆的简洁、统一、安静、肃穆的风格体现得淋漓尽致。在19世纪俄罗斯博物馆建筑装饰中，木材的使用本身就是俄罗斯古风的显著特征。但是，因为博物馆的功能与类

型的要求，木材并不适合成为其建筑材料的首选。而圆木在瓦斯涅佐夫故居博物馆木翼阁楼（图5-6）中的使用，也是在其最初居住功能的前提之下而完成的。

砖石的另外一种装饰方法就是变换其使用面，将方砖的立面通过连续砌筑的方式进行简单的秩序排列，从而产生简单朴实而又起伏变幻的装饰效果（图5-7、图5-8）。

图5-5　俄罗斯博物馆建筑的淡黄色条砖使用

图5-9　瓦斯涅佐夫故居博物馆釉面砖

图5-10　特列恰科夫画廊马赛克图案装饰

图5-6　瓦斯涅佐夫故居博物馆木翼阁楼中圆木的使用

图5-7　特列恰科夫画廊建筑墙面装饰

图5-8　瓦斯涅佐夫故居地面装饰

值得注意的是，在19世纪俄罗斯博物馆建筑装饰中，还有专门的建筑装饰材料的应用——釉面砖（图5-9）和马赛克（图5-10）。这是来源于早期教堂建筑内部的装饰，但并不是普遍应用于博物馆建筑装饰中，而仅仅是特例个案中出现的点睛之笔。因此，在博物馆这种公共建筑类型中，砖石是利用率最高的材料。同时，也是表现建筑的庄严肃穆、规整有序的最佳建筑材料。

三、建筑装饰要素之三：装饰元素

19世纪俄罗斯博物馆建筑装饰元素非常丰富，我们可以将大量丰富的装饰元素归纳为图案装饰与造型装饰的使用。

1.图案装饰

装饰图案种类繁多，但就19世纪俄罗斯博物馆建筑而言，依据其类型的不同，在建筑装饰中主要出现了以下几种类型的图案：植物花草纹样、军事相关元素、希腊罗马式场景以及古典主义柱式。

（1）植物花草纹样

俄罗斯民族是生活在广袤的森林与湖泊之间的民族。亲近自然并利用自然是俄罗斯民族的天性。因此，在建筑装饰中，出现了种类繁多的植物花草纹样。这些图案多以阔叶形式出现，花朵或呈团花形式出现，或以茂盛生长状态出现，以增强装饰性。植物纹样的处理通常与装饰手法相结合，产生不同的装饰效果。比如独立的花团点状装饰、不同植物图案穿插形成装饰带等。值得注意的是，俄罗斯本土植物纹样与18世纪后西欧传入的植物纹样不同。前者多由阔叶形式出现，以宽厚的植物叶片作为图案主体，强调曲线、美感。其装饰效果更简单、自然、淳朴，有非常强的亲和力。而后者则由于巴洛克风格和古典主义风格的影响，主要以细长的针叶作为图案主体，强调直线、秩序。其装饰效果更加复杂、奔放、有力，并具有典型风格特征。植物纹样的多种组合构成了19世纪俄罗斯博物馆建筑装饰丰富的装饰效果。

（2）军事题材元素

军事相关元素形成的图案，可以说是俄罗斯帝国主义风格的一大特色。19世纪，因卫国战争的胜利，俄罗斯民族主义情绪高涨，建筑则装饰着大量严肃的军事题材的粗琢的石块以及战利品。沙皇对军事的热爱

更可以追溯至彼得大帝时期，而军事图案雕刻装饰的流行是由于亚历山大和他的父亲彼得三世致力于俄罗斯的兵团建设。在位于克里姆林宫内的军械库博物馆的建筑装饰中，可以看到军事元素图案的应用在俄罗斯受重视的程度。俄罗斯博物馆的黑铁栅栏（图5-11），也是具有军事性质图案装饰的应用范例。一些武器、盔甲、旌旗等和战争相关的元素统统体现在其图案设计之中，表达了强烈的帝国主义风格。其不同的组合可以创造出多种不同的图案，应用于各种建筑装饰之中，用于表现战争胜利的主题。

（3）古典主义风格图案

在19世纪俄罗斯博物馆建筑装饰中，我们将希腊罗马式风格以及古典主义柱式归为一类图案来研究和分析。在古希腊罗马，集会与争论的场面是最具代表性的，它更多体现出的是政治上的自由和民主以及对知识、艺术的崇敬。而科林斯式圆柱与爱奥尼亚式圆柱的直接应用，则更明确地体现了俄罗斯建筑对古典主义风格的借鉴与应用。19世纪，俄罗斯资本主义发展，人民大众逐渐在文化意识上觉醒，在受到欧洲的各种影响之

图5-11　军事战争主题

后，开始思考俄罗斯自身的发展方向。自由、民主、宽松的社会政治氛围以及强烈的艺术喜好和追求，使得建筑师和艺术家们更加钟爱古典主义的形式。它体现的秩序美、宁静美以及所代表的生活方式是19世纪俄罗斯人民所强烈需要的。因此，在博物馆建筑装饰中，明确的古典主义风格建筑装饰特征也成为这一时期建筑装饰图案应用的一大特征。同时，在建筑的辅助装饰中，出现了一些柱式的自由变体形式，即便这样，也是根据其经典的比例和秩序以及优美典雅的图案为装饰。

柱式作为建筑的古典主义风格典型装饰使用时，有两种方式：结构性与装饰性并存——圆柱的使用；单纯装饰性——以壁柱和半柱形式出现。而这种装饰形式的出现最早可以追溯至约建于1051年以前基辅的圣米迦勒教堂，该教堂是从圣母安息大教堂和圣索菲亚大教堂时期对教堂建筑形式的逐步修改和对大量复杂的平面逐步简化的趋势的体现，并发展为一种确定简化形式：四个中心柱墩在内部支撑着一个中央穹顶，外墙则常常饰有拱门和半露壁柱。虽然这样的壁柱或者罕见的小圆柱被放置在拱顶内部使用，但它们的目的是装饰性的而不是结构性的。这是壁柱或者圆柱首次以装饰性元素出现在俄罗斯建筑中。但是作为古典主义风格的体现，则是由西方传入并沿用至今。

2.造型装饰

造型的应用是体现建筑装饰风格最主要的因素。在19世纪俄罗斯建筑装饰艺术中，有以下几种造型应用广泛：几何形、弧形小圆拱尖顶造型以及帐篷顶造型。

（1）几何形装饰

几何形装饰是在19世纪俄罗斯博物馆建筑装饰艺术中应用最为广泛的元素之一。正方形、长方形、梯形、圆形、椭圆形等基本造型都是建筑装饰中最常见的形式。这种几何形装饰最早来源于木结构建筑装饰中。诺夫哥罗德地区的木匠是早期俄罗斯最著名的，他们仅用一把斧头就可以建造精美的木结构建筑。因为几何造型简单、方便，容易使用工具做出装饰效果，所以从古俄罗斯时代流传至今。19世纪俄罗斯博物馆建筑装饰中几何形装饰是与不同的装饰手法结合在一起使用的。因此，造型各异，装饰效果也不尽相同。其中，大三角形山墙结构的使用以及与几何形在规模上的对比使用，使建筑产生了丰富的装饰效果（图5-12）。

同时，值得注意的是，在19世纪俄罗斯博物馆建筑装饰中，使用了一种器物形装饰。本质上，这还是一种几何形变体的形式。但是，这种器物形装饰造型的出现，更多地体现了建筑师个人的艺术创造力与个性。通过拉伸、变形以及切割，制造不同的装饰效果，并应用于不同的建筑结构。特列恰科夫画廊以及瓦斯涅佐夫故居博物馆中出现的类似的器物形装饰就是最好的体现。

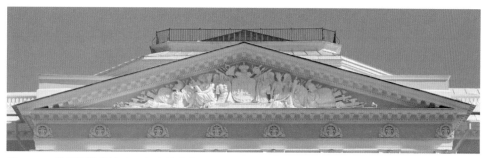

图5-12　俄罗斯博物馆大三角山墙的使用

（2）弧形小圆拱尖顶

19世纪俄罗斯博物馆建筑装饰艺术中弧形小圆拱尖顶造型（战盔形尖顶剖面）的应用是最具俄罗斯民族特色的主要的装饰造型。无论是山花还是窗口、结构性的功能还是纯粹的装饰形式，弧形小圆拱尖顶造型都是在建筑装饰中不可或缺的。其造型可以根据使用位置的不同做出调整：弧形的大小、圆拱的鼓度以及尖顶的规模，无一不是灵活可变的。这种弧形小圆顶尖拱多应用于特列恰科夫画廊的正立面、窗洞，国家历史博物馆建筑顶部梁柱，南立面垂花门装饰以及瓦斯涅佐夫故居建筑主门、墙面装饰中。由此，弧形小圆拱尖顶造型作为俄罗斯民族特有的装饰造型在建筑装饰中起到了重要的作用（表5-1）。

这种造型最初来源于拜占庭的教堂建筑。那个时期，大量建造的是最为世人所熟知的"洋葱头"建筑。拜占庭式的"洋葱头"圆顶在被引进到俄罗斯的过程中，从一头转变为多头。这多少是受古罗斯多神教建筑错落有致、讲究空间多角度、多层次分割的影响。俄罗斯教堂的"洋葱头"圆顶数量均出自《圣经》故事，3头、5头、13头，各有其说法和依据。俄罗斯教堂"洋葱头"顶最多的达到33个，象征耶稣在人间生活的33个月。这种"洋葱头"顶的特色是凝聚的、簇拥的、向上的，同时，又拥有活泼动感的轮廓。

后期，经过发展，这种"洋葱头"的造型从教堂的至高点走了下来，走入了俄罗斯几乎所有建筑类型的装饰中来，并被俄罗斯的艺术家们将其抽象为今天看到并使用的弧形小圆拱尖顶造型。同时，建筑节奏的起伏效果多由这种多元化的半圆形所产生，在窗、墙、鼓座、拱廊的拱以及屋檐下墙的起伏的结合点等处的形式，成为后来俄罗斯华北和东北地区建筑的特色。经过几个世纪的传承，弧形小圆拱尖顶造型成为最具俄罗斯风格特征的建筑装饰造型之一。

（3）帐篷顶

帐篷顶造型最早出现于诺夫哥罗德的木结构教堂建筑中。帐篷顶的构造技术可能是由多边形顶发展而来的。几百年来，通过尖

表5-1　弧形小圆拱尖顶的使用

图片	详细信息
	特列恰科夫画廊建筑主立面的装饰高潮部分
	特列恰科夫画廊墙面窗洞装饰
	国家历史博物馆南立面垂花门装饰
	国家历史博物馆建筑顶部梁托造型之一
	国家历史博物馆建筑顶部梁托造型之二
	瓦斯涅佐夫故居建筑主门口造型
	瓦斯涅佐夫故居墙面装饰

都是基于功能和材料在技术层面上的交互影响而形成统一的有条理的发展模式，而且在特定地区形成了特有的形式。在漫长的建筑发展过程中，通过实践，俄罗斯人自己衍生出教堂高大的帐篷顶形式。值得注意的是，在俄语中频频出现鞑靼和土耳其建筑起源的术语。比如"shater"一词就是描述木结构建筑中的帐篷顶形式。例如，可汗沙特尔（英语：Khan Shater）也被称为可汗之帐。所以，鞑靼人入侵对俄罗斯建筑形式的影响还有待更深入的研究。

另外，俄罗斯的地理环境和气候因素也是帐篷顶形式得以发展的前提。在拜占庭的建筑方式中是将瓦片平铺至屋顶的拱顶，但是它适合温暖干燥的气候，在俄罗斯潮湿的空气中，这种做法会对建筑形成灾难性的破坏。因此，为了使积雪不在建筑屋顶上停留，并方便融雪和雨水的尽快处理，帐篷顶应运而生。19世纪俄罗斯博物馆的建筑装饰中，帐篷顶造型的应用可圈可点。在国家历史博物馆的建筑装饰艺术中，帐篷顶作为博物馆建筑的古塔塔楼的尖顶，体现了浓郁的俄罗斯古风（图5-13）。另外，在瓦斯涅佐夫故居博物馆建筑中，木翼阁楼的尖顶就是帐篷顶与弧形圆拱尖顶的组合变体（图5-14）。

图5-13　国家历史博物馆帐篷尖顶

图5-14　瓦斯涅佐夫故居组合帐篷尖顶

四、建筑装饰要素之四：装饰手法

在建筑装饰中，装饰手法有固定的几种类型，比如柱式、山花、屋顶、门窗等位置装饰的规模、对比、韵律与节奏等。我们在分析和探讨19世纪俄罗斯博物馆建筑装饰艺术时，一般规律的装饰手法并不是我们研究

锐的近乎直角的屋顶使建筑获得了更完整的一致性和协调性。到目前为止，高大的木结构教堂的历史似乎

的重点。我们研究的目光集中于19世纪俄罗斯博物馆建筑所特有的装饰手法（表5-2）。

1.堆叠

堆叠是俄罗斯建筑装饰中非常有特色的装饰手法。它根据元素的不同结合，通过连续的排布方式，进行密集装饰。同时，调整元素的造型、比例、色彩等方面，制造强烈的装饰效果。堆叠这一装饰手法来源于17世纪所谓的叠生结构教堂。在这些结构中，提出非承重结构的立方体或八角形在建筑主体上轮流交替安放。这种形式极有可能是受到来自乌克兰木结构和石结构的影响，或者是受到了波兰和加利西亚的拉丁巴洛克风格（Latin Baroque）的影响。同时，在建筑檐口线上添加立体元素的装饰形式也被开发出来。位于奥涅加湖基日岛上最著名的主显圣容大教堂展示了这种木匠技艺的极限，是木结构教堂发展脉络中高潮时期的一种特定的风格。后期，这种立体装饰手法被应用于建筑立面装饰中。比如特列恰科夫画廊的立面就是运用几何造型堆叠的装饰手法（图5-15），对元素进行调整和变化，达到造型简单而效果华丽的特殊装饰效果。而国家历史博物馆的古风塔楼上塔尖的装饰则是利用了小圆拱堆叠（图5-16），产生逐步向上、聚拢的塔尖效果，同时，国家历史博物馆南立面的主要装饰手法即是堆叠（图5-17），而这也是俄罗斯建筑装饰中特有的装饰手法之一。

2.檐下和腰线下的浮雕式连续券装饰带

檐下和腰线下的浮雕式连续券装饰带，是东欧以及外高加索正教教堂的典型细节。

图5-15 几何形堆叠效果

图5-16 弧形圆拱堆叠效果

图5-17 结构堆叠效果

表5-2 檐下和腰线下的浮雕式连续券装饰带使用

图片	详细信息
	克里姆林宫内军械库博物馆建筑几何装饰带
	特列恰科夫画廊主立面装饰带
	特列恰科夫画廊主立面装饰带
	特列恰科夫画廊主立面装饰带
	特列恰科夫画廊主立面装饰带
	特列恰科夫画廊主立面装饰带
	特列恰科夫画廊侧立面装饰带
	普希金造型艺术博物馆檐下装饰带
	特列恰科夫画廊主立面装饰带
	特列恰科夫画廊侧立面装饰带
	瓦斯涅佐夫故居檐下装饰带

最初被使用在白石教堂拱顶的鼓座上。该装饰手法结合一些几何形小造型的或穿插或并列的组合方式，着重强调装饰的细腻以及精致。在19世纪俄罗斯建筑装饰艺术中，装饰带可谓是与几何形相结合、应用最广泛的装饰手法之一。无论是俄罗斯民族风格建筑还是古典主义风格建筑，又或是俄罗斯帝国主义建筑中，装饰带的使用随处可见。在三角形山墙的位置使用半圆的山花，更能体现建筑形体的华丽。而在一些细节部分，门口或者窗洞的周围都会有一层或简洁或华丽的角线。另外，除了常规的装饰带位置，在建筑立面的檐下和腰线下的浮雕式连续券装饰带

更是得到了广泛应用。这在19世纪俄罗斯博物馆建筑装饰艺术中是基本的装饰手法，同时，也是装饰效果最突出的手法。例如，前述各博物馆建筑装饰中，均使用的不同却异常丰富的几何、植物花草、文字、图案等装饰带，体现了19世纪俄罗斯博物馆建筑装饰艺术细节之美。

3.雕塑

雕塑作为一种独立的艺术形式与建筑相结合的完美实例可以追溯至古希腊的女像柱（图5-18）。在19世纪俄罗斯建筑装饰艺术中，雕

图5-18　雅典卫城厄瑞克修姆庙的女像柱（Caryatid of Erechtheum）

塑装饰的应用广泛而又多样。这要归因为雕塑种类的不同：浮雕、圆雕以及透雕。这三种类型的雕塑在俄罗斯博物馆建筑装饰中都有所体现。其中，浮雕多体现在檐下和腰线下的浮雕式连续券装饰带以及点状装饰中。比如团花的装饰、盾形装饰、军事题材浮雕装饰等，应用广泛，装饰性极强；圆雕多应用于建筑的主入口、建筑结构的凹槽以及建筑顶部；而透雕的技法则应用于俄罗斯特有的飞檐装饰之中。根据透雕的技法，在门口或窗洞的外檐装饰上打孔，结合光影，产生独具魅力的建筑装饰效果（表5-3）。

雕塑与建筑的结合，使得建筑的看点更为丰富。建筑装饰因为雕塑艺术的使用而不再是平面的艺术，雕塑使其成为立体的、动感更加强烈的有意味的艺术形式。同时，建筑也使得雕塑的发展方向更为宽泛。两者是相辅相成的。

第二节　建筑外部装饰特征发展阶段

通过对上述19世纪博物馆建筑特征来源的追溯，我们可以得出结论，建筑装饰艺术中的每一种要素都在俄罗斯建筑史中有迹可循。尽管，有些要素是经过建筑师、艺术家的再创造而呈现了新的面貌，但是，其创作的原动力还是基于对建筑历史、艺术甚至是社会文化上的认知。在这样的前提下，我们将19世纪俄罗斯建筑装饰艺术特征的发展阶段归结为"模仿""思考"以及"创新"三个阶段。

一、"模仿"阶段——对古典主义的热衷

俄罗斯从拜占庭接受的是中世纪文化的东方形式。俄罗斯文化艺术的发展由于蒙古鞑靼人的统治和奴役而遭到长期的停滞和后退。所以一直到17世纪末，俄罗斯文化艺术的水平一直停留在中世纪文化范围内，没有经历过真正的文艺复兴的时代。只是在17世纪至18世纪的交界时期，俄罗斯才完成了类似西欧国家早已进行了的文艺复兴。（任兴宣，2000）彼得大帝在军事、经济、政治、文化、宗教等方面的改革给俄罗斯社会生活带来了重大的变化，使俄罗斯走上了较快的发展道路，在文化艺术方面也是如此。后来，俄罗斯文化艺术开始学习和借鉴西欧经验，并且把西方经验与自己民族的文化艺术传统结合起来。

迅速全盘地吸收西方的建筑艺术与经验，在当时是被赋予政治色彩的。俄罗斯需要有像西欧一样气势恢宏的建筑来体现自身的大国地位，而在建筑上的"模仿"也成为俄罗斯打开欧洲的大门、参与欧洲事务的一把钥匙。在经过了一系列的社会文化、艺术、审美等方面的积淀与准备后，19世纪古典主义成为俄罗斯人热衷的建筑风格。

表5-3　雕塑在建筑装饰中的应用

图片	装饰部位	详细信息
	檐下	克里姆林宫内军械库博物馆建筑军事题材浮雕装饰
	檐下	克里姆林宫内军械库博物馆建筑军事题材浮雕装饰
	檐下	克里姆林宫内军械库博物馆建筑军事题材盾形浮雕装饰
	窗洞	国家历史博物馆建筑墙面窗洞垂花圆雕装饰
	门洞	国家历史博物馆建筑门洞垂花圆雕装饰
	入口	俄罗斯博物馆建筑入口圆雕装饰
	窗洞下	俄罗斯博物馆建筑立面窗洞下圆雕装饰
	门洞	特列恰科夫画廊建筑入口圆雕装饰

续表

图片	装饰部位	详细信息
	立面墙边	特列恰科夫画廊建筑主立面墙边器物形圆雕装饰
	围栏	特列恰科夫画廊建筑围栏器物形圆雕装饰
	大三角山墙顶部	普希金造型艺术博物馆建筑大三角山墙顶部圆雕装饰
	柱头	普希金造型艺术博物馆建筑柱廊柱头圆雕装饰（爱奥尼亚式）
	窗洞	瓦斯涅佐夫故居博物馆建筑窗洞圆雕装饰
	三角山墙	瓦斯涅佐夫故居博物馆建筑三角山墙浮雕装饰

古典主义建筑非常推崇古希腊罗马艺术，其首要特征是建筑物结构的鲜明逻辑性、建筑物正面的严格对称性。其中一个重要的表现形式是建筑物正面的中间是6柱或8柱的柱廊，柱式是经典的古希腊柱式。古典主义建筑素朴、宁静，其建筑物形式追求普通的几何学造型：立方体和平行六面体。建筑物正面中心处毗连着圆柱柱廊，柱廊上是三角形楣饰。墙面平缓、宁静、严整，没有一丝华丽的装饰。这几乎成为一种建筑标准。因此，在19世纪末20世纪初建立的国立普希金造型艺术博物馆中，依然可以看到这种完整的对古典主义风格建筑的"模仿"（图4-58）。

二、"思考"阶段——折中主义的盛行

19世纪60年代至90年代，是俄罗斯的农奴制改革时期和改革后的年代。资本主义在俄罗斯的发展对建筑艺术产生了影响。建筑技术的完善，导致了新的建筑物的出现，同时也引起了建筑危机。这一时期，俄罗斯的经济决定权掌握在少数的商人手中，他们"无序、无规划建设造成了城市建筑布局的混乱和建筑规模的失调，而且使城市中心地段建筑的豪华和城市郊区地带建筑的简陋形成了强烈的对比"（任光宣，2011）。这就导致了19世纪下半叶俄罗斯建筑发展与上半

叶相比更缓慢无序，并呈现出一种危机状态。"从建筑艺术方面来看，19世纪下半叶建筑具有一种折中主义风格的大趋势，即建筑没有什么局限和框框，各种风格的建筑、装饰成分都得到运用。"（任光宣，2011）

实际上，在建筑装饰方面，此时的俄罗斯却是处在"思考"阶段。一些知识分子、艺术家以及建筑师在经过"模仿"阶段后，进入创作的瓶颈，任由建筑装饰风格趋向于折中主义。这实际上是建筑装饰发展上的倒退。同时，他们又在找寻俄罗斯建筑发展上的出路。于是各种实验性的建筑装饰艺术在俄罗斯展开。俄罗斯古风、中世纪风格甚至是对拜占庭元素的回顾，都出现在这一时期的建筑装饰中。位于莫斯科的俄罗斯国家历史博物馆是这一时期折中主义风格建筑的典型代表。

三、"创新"阶段——斯拉夫复兴与俄罗斯帝国风格的兴起

在19世纪的最后20年里，俄罗斯艺术中最进步的发展就是在概念上结合了密切相关而又对立的民族主义和国际主义。这种倾向的进一步发展

---

38 19世纪的斯拉夫派于19世纪30—40年代在与西化派的纷争中产生。斯拉夫派是俄国贵族资产阶级的代表，他们与当时的革命民主主义者相比是温和的自由主义者，在政治上属非主流派。由于斯拉夫派从俄国的历史和文化中探寻俄国的发展道路，对俄国斯拉夫主义的形成和斯拉夫运动的发展起到了重要作用，斯拉夫主义终于成为对俄内外政策有影响的社会思潮之一。

引起了斯拉夫派[38]和西化派之间的论战。这种论战曾经在19世纪40年代尼古拉一世统治时期出现过。而且，直到帝国终结，他们一直在修改泛斯拉夫体系[39]下的社会和政治以及西方同盟的制度。18世纪，莫斯科和圣彼得堡再次成为被关注的焦点。一方面被呼吁回到古代俄罗斯生活的原则，并总结了现在的"正统的、专制的、民族的"原则；另一方面，促使俄罗斯朝着一个西化的政治文化一体化的发展方向发展。尽管这种对立的系统可能是首次出现，但是在艺术表现形式上却有很多共同之处。19世纪，俄罗斯博物馆建筑装饰艺术的"创新"阶段便由此开始。

这个时期的建筑是以公民的激情为特点，俄罗斯民族的自豪感得到了充分的体现。建筑、雕塑和实用艺术风格都进入了一个新的阶段，称为"俄罗斯帝国风格"，军械库博物馆与俄罗斯博物馆即是该风格的体现。这也是俄罗斯古典式风格的顶峰。其大多是纪念性建筑物所形成的风格。这种类型建筑体积高大、外形

简单，一个巨柱式贯穿上下，尺度很大，柱间距狭小。建筑的外墙通常很少线脚，很少曲线的细节；大面积的墙是砖的、粗石的、拉毛的、抹灰的；少量砌缝，间或出现有几个壁龛盛着古气盎然的雕像，显示出恢宏、庄严。同时，在莫斯科还出现了俄罗斯古风回顾的建筑风格。建筑师以及艺术家们开始更多地关注俄罗斯历史文化，并对其进行发展脉络的整理，在考古学的基础上报以科学的态度对俄罗斯建筑历史进行深入研究，对建筑结构、造型、装饰等投入巨大的研究热情，并对其进行再创造。这样的"创新"是基于西方建筑影响的背景下的，但是它与折中主义有着本质的区别。这也是俄罗斯建筑装饰艺术发展的前进动力。特列恰科夫画廊以及瓦斯涅佐夫故居博物馆即是该风格的典型代表。

"俄罗斯文化艺术的一个主要特征是坚持继承本民族文化艺术的优良传统，并且在历史的发展过程中将这一传统发扬光大。他们善于借鉴学习、消化吸收其他民族艺术的成果，并且把这种成果与自己民族的艺术传统结合起来"（梅汉成，2006）。纵观19世纪俄罗斯博物馆建筑装饰艺术的发展历史，可以看出无论何种建筑装饰艺术，其特征都

---

39 泛斯拉夫主义产生于19世纪初，最早出现于西斯拉夫人和南斯拉夫人的知识分子中。当时西斯拉夫人和南斯拉夫人的民族意识正在形成之中，他们中的学者和诗人热心研究斯拉夫各民族的民歌、民间传说和乡村方言，以证明斯拉夫各民族在种族上的亲缘和语言文字方面的相近，试图表现一种共同的斯拉夫意识。初始的泛斯拉夫主义是一种民族文化思潮，而后泛斯拉夫主义很快就转入了民族政治运动，而民族问题成为泛斯拉夫运动发展的动力之一。

是在接受基督教文化和拜占庭的艺术基础上发展，并在18世纪彼得大帝时期对西欧全面开放过程中吸收引进而最终形成其风格的。但是，"俄罗斯历史上的重大变革不但没有破坏俄罗斯接受其他国家和其他民族艺术的传统，而且不断地巩固其吸收外来艺术成果的能力，作为自己的艺术发展的营养"。（梅汉成，2006）

19世纪俄罗斯博物馆建筑装饰艺术的特征完全可以代表19世纪俄罗斯公共建筑装饰艺术。19世纪俄罗斯的建筑主要是以发展公共建筑为主，因此，我们可以说，19世纪俄罗斯博物馆建筑装饰艺术特征就是19世纪俄罗斯建筑装饰艺术特征的体现。

第六章　结论　>>

在19世纪的俄罗斯，博物馆建筑成为公共建筑类型的代表。建立或改建于19世纪的俄罗斯博物馆在建筑装饰艺术中所取得的辉煌成就，在整个俄罗斯工艺美术史以及建筑史上都占有重要的地位。俄罗斯的建筑历史发展脉络既清晰又复杂。在俄罗斯，博物馆的概念是在俄罗斯人皈依东正教后，逐渐建立起来的。其发展历史一直受到经济决策层——教会、沙皇、贵族等因素的绝对影响。直到19世纪，资本主义在俄罗斯发展起来，旧有的封建沙皇独裁专制与社会发展之间产生了不可调和的矛盾。这一时期，民主意识的觉醒和资本主义的发展，使有文化、审美水平高、热爱俄罗斯、热爱艺术的中产阶级成为操纵经济的主导者。他们与知识分子、艺术家一起推动了俄罗斯博物馆事业甚至是俄罗斯文化艺术事业的发展。在这样优越的环境中，风格多样的俄罗斯博物馆建筑才蓬勃发展起来。本章通过对19世纪俄罗斯不同类型的博物馆建筑装饰艺术的分析和研究，大致梳理和归纳出了19世纪俄罗斯建筑整体发展的脉络和风格特征，使我们对19世纪神秘而又灿烂的俄罗斯建筑装饰艺术有了比较整体的认识，甚至对俄罗斯工艺美术、俄罗斯艺术都有比较全面的了解。

第一节　19世纪俄罗斯建筑装饰的风格与特征

在历史上，俄罗斯人创造了无数精美的建筑形式——民居、木结构教堂、石砌教堂、宫殿、沙皇别墅、庄园、防御工事以及公共建筑等。尽管有很多经典的建筑在社会发展过程中被自然或人为地毁灭了，但是今天依然有这些建筑的精髓——结构造型与装饰艺术流传下来，并应用于建筑设计之中。这些建筑结构和装饰在记录、保护和传达俄罗斯文化信息方面显示出十分重要的价值。19世纪的俄罗斯博物馆建筑装饰艺术是我们了解俄罗斯建筑艺术、俄罗斯工艺美术乃至俄罗斯社会文化的重要信息来源，对这一时期俄罗斯博物馆建筑装饰风格特征的解读，有助于我们更加全面、透彻的认识俄罗斯艺术及其文化。

一、东正教思想与拜占庭建筑是19世纪俄罗斯建筑装饰艺术的发展源头

东正教对俄罗斯的发展产生巨大的影响，特别是在建筑方面留下了许多辉煌的成绩。尽管雅罗斯拉夫统治时期，基辅的教堂就已经开始脱离拜占庭建筑形式而单独发展，但是俄罗斯还是从拜占庭接受了中世纪文化的东方形式。罗马拜占庭的石造建筑技术以及“洋葱头”圆顶式的教堂形式和技法随着东正教传入俄罗斯，随后俄罗斯人对其进行修改，比如原本在欧洲一座教堂只有一个“洋葱头”的特

色，被引入到了俄罗斯之后，受了俄罗斯传统多神教的影响，而发展为一座教堂上可以有多个"洋葱头"。 而19世纪的俄罗斯博物馆建筑中并没有直接使用"洋葱头"进行结构上的装饰，经过了几个世纪的发展，这种专属于教堂的建筑特色被建筑师和艺术家们简化并提炼，使其剖面的弧形圆拱尖顶造型以及活泼动感向上的线条跃然于博物馆建筑装饰之上。19世纪30年代、40年代时期的斯拉夫派将东正教文化复兴作为其重点。因此，很多俄罗斯古风时期的拜占庭建筑结构形式又被重新研究并提倡。这也成为了19世纪俄罗斯博物馆建筑民族风格装饰兴起并发展的历史源头。

从某种意义上讲，俄罗斯最初主要建筑类型首先应该是教堂建筑，其次才是由教堂建筑的结构和装饰演化而来的代表俄罗斯民族风格独有的造型与装饰。因而，东正教思想与拜占庭建筑的持续影响，就成为19世纪俄罗斯建筑装饰艺术的特征之一。

二、统治者的审美水平与西欧的建筑文化贯穿并支配了19世纪俄罗斯建筑装饰发展的始终

在俄罗斯的传统历史上不论是伊凡四世，还是彼得一世和叶卡捷琳娜二世都是通过自上而下的改革使得其封建王朝得以发展和延续，这已成为俄罗斯统治者治国安邦的既定方针和传统。俄罗斯经历近6个世纪的封建王朝，每一个沙皇都影响着其统治时期俄罗斯建筑风格的发展。与世界上的其他国家相比，俄罗斯的统治者们对建筑艺术的兴趣更加浓厚，支配欲望也更强烈。因而，沙皇个人的审美水平影响着时代的建筑风格。例如，18世纪彼得大帝所领导的西化改革，将西欧的建筑风格正式引入俄罗斯。彼得大帝思想开放，专注于俄罗斯在社会、文化、艺术等多方面的改革，他最大的建筑成就是建立了圣彼得堡，这个城市的整体建筑风格就是受到了西欧的影响。巴洛克风格就是这一时期传入俄罗斯并应用于圣彼得堡的建筑中；伊丽莎白一世统治时期的罗可可风格以及对19世纪建筑风格产生重要影响的叶卡捷琳娜二世时期的古典主义风格等，都足以说明俄罗斯的统治者在对选择和吸收外来文化、艺术、建筑等影响起绝对支配地位作用。

同时，从早期俄罗斯开始，俄罗斯文化艺术的发展由于蒙古鞑靼人的统治和奴役而遭到了长期的停滞和后退。因此，一直到17世纪末，俄罗斯文化艺术的水平一直停留在中世纪文化范围内，没有经历过真正的文艺复兴的时代。只是在17世纪至18世纪的交界时期，俄罗斯才完成了类似西欧国家早已进行了的文艺复兴（任光宣，2000）。然而，自此开始，俄罗斯也经历了轰轰烈烈的学习西方文明的过程。直到19世纪在俄罗斯建筑发展中，几个世纪的对西欧风格的学习与包容才逐渐沉淀下来，并引起了建筑师、艺术

家以及知识分子的研究和再创造的新的兴趣。

因此，俄罗斯独特的社会发展进程、统治者的独裁以及对西欧文化的开放式借鉴，成为俄罗斯19世纪建筑装饰艺术发展区别于其他国家和地区的重要的风格特征之一。

三、折衷主义风格不是19世纪俄罗斯建筑装饰艺术发展的唯一风格

在我国现有的介绍和论述俄罗斯艺术的著作中，更多提及的是俄罗斯美术。但也有少数的几本著作介绍了俄罗斯建筑。除了对俄罗斯建筑的发展按照时间划分的方式进行论述以外，更多是分析并研究了俄罗斯的教堂建筑和宫殿建筑。因此，在我们可以看到的中文资料中，讲到19世纪的俄罗斯建筑时，几乎都会将这一时期的建筑风格定义为折衷主义。但是经过作者对19世纪俄罗斯建筑的代表类型——博物馆建筑的个案装饰艺术的考察、分析与研究之后，得出这样的结论：折衷主义风格并不是19世纪俄罗斯建筑装饰艺术发展的唯一风格，而是这一时期建筑装饰艺术发展的大趋势与大环境。与折衷主义风格并存的是俄罗斯的浪漫主义风格（历史主义的复兴）与俄罗斯帝国主义风格（古典主义的独特运用）。比如，从同是建于19世纪的位于莫斯科的特列恰科夫画廊与国立普希金造型艺术博物馆的建筑风格、结构以及装饰上的明显差异可以看出这一时期俄罗斯建筑风格并不是按照统一的脉络发展。由此可以得出，19世纪俄罗斯的建筑风格是多元化发展，其独立性与包容性并存的结论。而这也正是19世纪俄罗斯建筑装饰艺术最重要的特征。

四、象征主义的表达是19世纪俄罗斯建筑装饰艺术创作遵循的重要法则

在19世纪俄罗斯建筑装饰艺术实践中，无论是材料、造型、图案、彩色还是装饰手法，大部分都隐含了一定的象征意义。可以说，俄罗斯19世纪的建筑装饰艺术在某种程度上就是一门象征的艺术。在建筑师看来，建筑装饰中的每一种元素、每一个符号甚至是装饰元素排列方式都可能代表了一种风格。在俄罗斯建筑史中，造型、材料、色彩以及独特的装饰手法等都有特定的历史含义。比如：弧形圆顶小尖拱的造型来源于俄罗斯教堂建筑的"洋葱头"圆顶。这种圆顶形式经过了提炼和简化，成为特殊的俄罗斯古风的代表形式之一。再如，俄罗斯建筑中强烈色彩的运用，强调了俄罗斯建筑独有的活泼、欢快的庆祝气氛。而在俄罗斯博物馆以及国立普希金造型艺术博物馆的建筑装饰中，科林斯柱廊和爱奥尼亚柱廊的运用，直接显示了古典主义风格在俄罗斯建筑中的重要地位和作用。

19世纪的俄罗斯建筑就是通过对造型、图案、装饰手法等要素的借鉴和再创造，体现了这一时期俄罗斯建筑装饰艺术发展的多元性。

因此，象征主义的表达成为19世纪俄罗斯建筑装饰艺术最重要的创作和实践法则。

五、"建筑师"这一特殊群体对19世纪俄罗斯建筑装饰艺术实践起到了巨大的推动作用

在这一时期，"建筑师"不再是工匠，而是引领艺术文化潮流的艺术家。无论是俄罗斯本土建筑师还是外国建筑师，他们的社会作用都得到了大大的增强，并在统治者允许的前提条件下，将建筑师的个性及其发展融入到建筑设计当中。这时，他们的"艺术创作不仅仅是对客观现实的描绘和反映，而且成为思想斗争和道德教育的一种手段"（任光宣，2000）。18世纪的俄罗斯建筑师更多关注建筑物的本身，而从19世纪开始，俄罗斯建筑

师不但关注建筑物本身的造型和结构，而且也注意建筑物与其周围空间，与周围其他建筑物、广场，乃至街道的相互关系。圣彼得堡和莫斯科的建筑师们在设计每个建筑物时都考虑到其与城市建设的总体规划联系，使之与城市的整体建筑规模和风格相协调。在建筑风格上，19世纪俄罗斯建筑师们更注意建筑物造型的严谨、规模的宏大、结构的合理和外形的美观。同时，建筑师们也开始尝试对俄罗斯古风的复兴。这一时期他们将注意力集中到设计建造一些实用的、具有功利意义的建筑物上，如政府各部的办公大楼、剧院、博物馆、商店、仓库等。这就使得以教堂、修道院和宫殿为城市主题建筑的风貌发生了变化。博物馆建筑逐渐成为了城市的亮点。

建筑师们的天赋成为了19世纪俄罗斯建筑装饰艺术发展不可或缺的动因，也成为其发展的又一显著特征。

第二节　对中国当代博物馆建筑装饰的启示

中国的博物馆事业起步较晚，1905年出现了由清末状元张謇创建的南通博物苑；1925年，故宫博物院连同其古建筑群面向公众开放。直到中华人民共和国建立之后，中国的博物馆事业才有了开拓性的发展。值得注意的是，在1949年至1966年间，中国的博物馆建筑在建设上出现了两种倾向：一是按苏联展览馆模式进行博物馆修建，二是

按照中国传统的古建筑形式来设计博物馆。这与当时的社会发展和政治形势有密切的联系。直到20世纪70年代末，中国才走上了探索博物馆建筑发展方向的道路。我国对博物馆事业的发展一直非常重视。1999年，由中华人民共和国建设部、文化部指导，华东设计建筑院主编的中华人民共和国行业标准《博物馆建筑设计规范》正式出版。但是，其内容旨在对建筑结构及功能要求做相关的规范，在博物馆建筑风格问题上并未做深入

研究和探讨。

在对19世纪俄罗斯博物馆建筑装饰艺术考察和研究的同时，作者发现，中国的博物馆事业虽然起步较晚，发展过程也不尽相同，在传统文化与外来影响之于建筑装饰艺术的发展方面来讲，两者是有共同之处的。因此，研究19世纪俄罗斯博物馆建筑装饰艺术，分析其成功的建筑装饰案例，梳理其民族风格与西欧风格发展的脉络，对于我国当代博物馆建筑的装饰艺术发展是有现实意义和借鉴价值的。希望通过论述与研究，可以借鉴俄罗斯艺术发展的经验，在学习和包容外来因素影响的同时，深入挖掘本民族传统风格特征，对其进行继承与再创造，在博物馆建筑形式中发现并应用于有中国特色的建筑装饰艺术风格。

最后，通过本书的论述与研究，期望使得大家发现，我国当代博物馆建筑装饰研究与建筑设计应首先在认识论与方法论上，认识到建筑是有"思想"的，建筑装饰恰恰能体现这种"思想"的直观载体；其次，在对待建筑发展过程的认识中，对待我国传统文化的态度非常重要。要认清博物馆建筑发展的历史，把握开放的文化、艺术氛围的良好机遇，大力发展与国际接轨的博物馆建筑设计；再次，把握博物馆建筑的分类，要有针对性地对博物馆建筑进行有特色的设计；然后，要有实地调查，通过到访世界知名博物馆实地考察，学习和吸收优秀的外来文化，在继承我国优秀的建筑传统的同时，在建筑形式与装饰艺术上进行必要的创新。

参考文献

1.Albert M. Craig, The Heritage of World Civilizations, Macmillan, London, 1986

2.Sir Banister Fletcher , Edited by John Musgrove , Consultant editors, John Tarn, Peter Willis ,Assistant Editor, Jane Farron, Sir Banister Fletcher's a History of Architecture , Lodon: Butter Worths, 1987

3.Cincinnati, Stores and retail spaces: the institute of store planners and （VM+SD) magazine's international store interior design competition, Ohio: ST Media Group International Inc., c.2000-2009

4.Editor, Jane Turner, Dictionary of Art, Macmillan, London, 1999

5.George heard Hamilton The Art and Architecture of Russia , yale university press · new haven and London 1983

6.Kunz, Martin Nicholas, Best Desidned Outdoor Living: Terraces, Balconies, Rooftops, Courtyards. Christian Schonwetter. 2007

7.Laurie Schneider Adams, Art across Time, Second Edition, MacGraw-Hill, New York, 2002

8.Marilyn Stokstad, Art History, Rebised Edition, Prentice Hall Abrams, New York, 1999

9.Mel Byars, The Design Encyclopedia, Laurence King Publishing, London; The Museum of Modern Art, New York 2001

10.Pegler Martin M. Stores of the year , New York : Retail Reporting Corporation, 1989-1991

11.Pegler Martin M. Stores Windows , New York : Retail Reporting Corporation, 1997-2008

12.[英]埃米莉·科尔，主编. 王方戟，译. 世界建筑经典图鉴. 上海人民美术出版社, 2003.

13.澳大利亚图像出版公司，编. 世界建筑大师优秀作品集锦. 长谷川逸子，程素荣，译. 中国建筑工业出版社, 1998.

14.[苏] B. B. 马夫罗金，著. 余大钧，译. 彼得大帝传. 商务印书馆, 2000.

15.白建才，著. 俄罗斯帝国. 三秦出版社, 2000.

16.[英]菲利斯·贝内特·奥茨，著. 西方家具演变史. 江坚，译. 建筑工业出版社, 1999.

17.[美]约翰 · 巴克勒等，著. 西方社会史. 霍文利等，译. 朱孝远，审校. 广西师范大学出版社, 2005.

18.[英]希拉莉·拜耶, 凯瑟琳·麦克德莫特，著. 现代经典设计作品大观. 傅强，译. 中国建筑工业出版社, 2006.

19.[英] J. P. T.伯里，编. 新编剑桥世界近代史——欧洲势力的顶峰：1830—1870年. 中国社会科学院世界历史研究所组，译. 中国社会科学出版社,1999.

20.[俄]尼·别尔嘉耶夫,著.雷永生,邱守娟译.俄罗斯思想:十九世纪末至二十世纪初俄罗斯思想的主要问题.北京:生活·读书·新知三联书店,1995.

21.薄松年,主编.薄松年,陈少丰,张同霞,编著.中国美术史教程.陕西人民美术出版社,2000.

22.曹意强,主编.美术博物馆学导论.中国美术学院出版社,2008.

23.陈平,著.外国建筑史——从远古到19世纪.东南大学出版社,2006.

24.陈瑞林.中国现代艺术设计史.湖南科学技术出版社,2005.

25.陈志华,著.外国古建筑二十讲.北京:生活·读书·新知三联书店,2002.

26.陈志华,编著.俄罗斯建筑史.建筑工程出版社,1955.

27.陈志华,著.外国建筑史:十九世纪末叶以前.中国建筑工业出版社,1979.

28.[俄] C. H.勿拉索夫,著.钱七虎,戚承志,译.俄罗斯地下铁道建设精要.中国铁道出版社,2002.

29.崔笑声著.设计手绘表达.中国水利水电出版社,2005.

30.董占军,编译.外国设计艺术文献选编.山东教育出版社,2002.

31.甘露,著.走过俄罗斯:小残游记.华艺出版社,2001.

32.郭恩慈,苏珏,编著.中国现代设计的诞生.三联书店有限公司,2007.

33.[英] E. H.贡布里希,著.艺术发展史.范景中,译.林夕,校,天津人民美术出版社,1998.

34.[英] E. H.贡布里希,著.秩序感——装饰艺术的心理学研究.杨思梁,徐一维,范景中,译.湖南科学技术出版社,2000.

35.[俄]果戈里,著.刘开华,译.彼得堡故事及其他.安徽文艺出版社,1999.

36.顾六琛,主编.世界文化史三卷:现当代史.浙江人民出版社,1999.

37.韩林飞, B. A.普利什肯,霍小平,著.建筑师创造力的培养:从苏联高等艺术与技术创作工作室到莫斯科建筑学院.中国建筑工业出版社,2007.

38.[英]艾瑞克·霍布斯邦,著.张晓华等,译.资本的年代.国际文化出版公司,2006.

39.[英]艾瑞克·霍布斯邦,著.王章辉等,译.革命的年代.国际文化出版公司,2006.

40.[英]艾瑞克·霍布斯邦,著.贾士蘅等,译.帝国的年代.国际文化出版公司,2006.

41.[德]汉诺-沃尔特·克鲁夫特,著.王贵祥,译.建筑理论史——从维特鲁威到现在.建筑工业出版社,2005.

42.何岸,著.克里姆林宫.军事谊文出版社,2005.

43.胡建成,编著.俄罗斯艺术.河北教育出版社,2003.

44.金维诺,主编.奚静之,著.俄罗

斯与东欧美术. 中国人民大学出版社, 2004.

45.[俄]金兹堡, 著. 陈志华, 译. 风格与时代. 陕西师范大学出版社, 2004.

46.[俄] K. 萨明著. 杨仕章, 译. 不讲规矩: 100名建筑大师的传奇人生. 东方出版社, 2004.

47.[美]菲利普·李·拉尔夫等. 世界文明史. 赵丰等, 译. 商务印书馆, 1999.

48.[美]麦·莱德尔, 编. 现代美学文论选. 孙越生等, 译. 文化艺术出版社, 1988.

49.李春, 著. 西方美术史教程. 陕西人民美术出版社, 2002.

50.李敏敏, 编著. 世界现代设计史. 湖南美术出版社, 2004.

51.李继忠,著. 解读圣彼得堡. 山东友谊出版社, 2004.

52.李砚祖, 编著. 外国设计艺术经典论著选读. 清华大学出版社, 2006.

53.李玉盛, 张伟, 吴春荣著. 夏宫. 军事谊文出版社, 2005

54.李玉兰, 编. 苏联现代雕塑. 天津人民出版社, 1987.

55.刘峰, 主编. 夏纾, 编著. 尊贵的回忆: 世界著名建筑大师全传. 华中科技大学出版社, 2000.

56.[日]柳宗悦, 著. 徐艺乙, 译. 工艺文化. 广西师范大学出版社, 2006.

57.[日]柳宗悦, 著. 张鲁, 译. 日本手工艺. 徐艺乙, 校. 广西师范大学出版

版社, 2006.

58.鲁仲连,主编. 吴晓雯, 撰文. 在拜占庭精神的沐浴中: 俄罗斯、匈牙利、捷克、奥地利、瑞士博物馆之旅. 广西师范大学出版社,2002.

59.[英]爱德华·卢西-史密斯, 著. 朱淳, 译. 世界工艺史. 浙江美术学院出版社, 1992.

60.[英]罗宾·米德尔顿, 戴维·沃特金, 著. 邹晓玲, 向小林等, 译. 新古典主义与十九世纪建筑. 中国建筑工业出版社, 2000.

61.[美] 罗伯特·华莱士,时代-生活丛书编辑合著. 俄罗斯的兴起. 时代公司. 1999.

62.罗元生, 罗飞飞, 车淑芳编. 冬宫. 军事谊文出版社, 2005.

63.[俄]马尔郭利斯·亚历山大, 著. 轮廓出版社, 1999.

64.梅汉成, 著. 觉醒与繁荣. 东南大学出版社, 2006.

65.[美]尼古拉·梁赞诺夫斯基(Riasanovsky, Nicholas V.), 马克·斯坦伯格(Steinberg, Mark D.), 著. 杨烨, 卿文辉等译. 俄罗斯史. 上海人民出版社, 2007.

66.[苏]尼·米·尼科利斯基, 著. 俄国教会史. 商务印书馆, 2000.

67.[美]约翰·派尔, 著. 刘先觉, 陈宇琳等, 译. 世界室内设计史. 中国建筑工业出版社, 2007.

68.[英]尼古拉·佩夫斯纳, 著. 殷凌云等, 译. 现代建筑与设计的源泉. 三联书店, 2001.

69.尼跃红, 编著. 室内设计基础. 中国纺织出版社, 2004.

70.潘德礼, 主编. 俄罗斯. 社会科学文献出

版社,2005.

71.彭吉象,著.艺术学概论.北京大学出版社,1994.

72.任光宣,著.俄罗斯艺术史.北京大学出版社,2000.

73.邵宁,著.重返俄罗斯.上海文艺出版社,2003.

74.沈理源,编译.西洋建筑史.知识产权出版社,2008.

75.深圳市金版文化发展有限公司,主编.生态住宅.吉林美术出版社,2006.

76.深圳市金版文化发展有限公司,主编.细部空间.吉林美术出版社,2006.

77.孙美兰,主编.艺术概论.高等教育出版社,1989.

78.田云庆,胡新辉,程雪松编著.建筑设计基础.上海人民美术出版社,2006.

79.[俄]托尔斯泰,著.周扬,谢素台,译.安娜·卡列尼娜 (上).人民文学出版社,1956.

80.[俄]托尔斯泰,著.周扬,谢素台,译.安娜·卡列尼娜 (下).人民文学出版社,1956.

81.[俄]陀思妥耶夫斯基,著.曾思艺,朱宪生,译.罪与罚.长江文艺出版社,2004.

82.王宏建,主编.艺术概论.文化艺术出版社,2000.

83.王宪举,陈艳,著.俄罗斯.重庆出版社,2004.

84.王受之,著.世界现代设计史.新世纪出版社,2001.

85.王受之,著.世界平面设计史.中国青年出版社,2002.

86.王英健,著.编.外国建筑史实例集.中国电力出版社,2006.

87.汪毓清,著.跻身强国的痕迹:俄罗斯百年强国历程.黑龙江人民出版社,1998.

88.[古罗马]维特鲁威,著.建筑十书.知识产权出版社,2001.

89.奚传绩,编.设计艺术经典论著选读.东南大学出版社,2005.

90.奚静之,著.俄罗斯美术史论.人民美术出版社2005.

91.奚静之,著.俄罗斯美术十六讲.清华大学出版社,2005.

92.奚静之,著.俄罗斯苏联美术史.天津人民出版社,2000.

93.奚静之,著.俄罗斯和东欧艺术.中国人民大学出版社,2010.

94.徐沛君,编.康定斯基.人民美术出版社,2002

95.徐广淼,著.俄罗斯的文物与博物馆事业概述.2008.

96.辛华,编.俄语姓名译名手册.商务印书馆,1982.

97.于沛,戴桂菊,李锐,著.斯拉夫文明.中国社会科学出版社,2001.

98.[俄]尤里·谢尔盖耶维奇·里亚布采夫,著,张冰,王加兴,译.千年俄罗斯——19世纪至20世纪的艺术生活与风情习俗.北京：生活·读书·新知三联书店,2007.

99.[俄]泽齐娜,科什曼,舒利金,著.刘文飞,苏玲,译.俄罗斯文化史.上海译文出版社,2005.

100.翟墨, 主编. 人类设计思潮. 石家庄: 河北美术出版社, 2007.

101.张冰, 著. 透视俄罗斯. 山东人民出版社, 2004.

102.张琛, 著. 手工艺的复兴. 南京艺术学院学报: 美术及设计版, 2002, 01: 73-76.

103.张夫也, 著. 外国工艺美术史. 中央编译出版社, 2003.

104.张夫也, 肇文兵, 滕晓铂, 编著. 外国建筑艺术史. 湖南大学出版社, 2007.

105.张广智, 主编. 世界文化史三卷: 古代史. 浙江人民出版社, 1999.

106.张庆斌, 编译. 俄罗斯建筑立面装饰图集. 中国建筑工业出版社, 2005.

107.章晴方, 编著. 商业会展设计. 上海人民美术出版社, 2006.

108.张月明, 赵泓, 主编. 世界文化史故事大系——俄罗斯卷. 上海外语教育出版社, 2003.

109.[日] 折桥俊英发行. 日本美术馆 ニホンビジュツカン . 小学馆, 1997.

110.朱光潜, 著. 西方美学史. 中国长安出版社, 2007.

111.朱立元, 主编. 西方美学名著提要. 江西人民出版社, 2000.

112.朱达秋, 杨无知, 编著.人文俄罗斯故事: 从伊戈尔到普京. 重庆出版社, 2004.

113.朱伯雄. 玫瑰与十字架的象征. 上海书店出版社, 2005.

114.朱淳. 现代展示设计教程. 中国美术学院出版社, 2002.

115.[苏]Ł.左托夫, 著. 赵琦, 译. 十九世纪前半叶俄罗斯艺术发展的道路. 华东人民美术出版社, 1954.

116.[苏]Ł.左托夫, 著. 倪焕之, 赵琦, 译. 十八世纪十九世纪前半叶俄罗斯艺术发展的道路.华东人民美术出版社, 1955.

117.中国地名委员会, 编. 外国地名译名手册.商务印书馆, 1998.

118.庄锡昌, 总主编. 刘文龙, 袁传伟主编. 世界文化史: 近代卷.浙江人民出版社, 1999.

119.庄锡昌, 总主编. 顾云深主编. 世界文化史: 当代卷.浙江人民出版社, 1999.

120.紫图大师图典丛书编辑部. 世界设计大师图典.陕西师范大学出版社, 2003.

参考网站

1.www.baidu.com

2.http://en.wikipedia.org/wiki/Main_Page

3.www.kreml.ru

4.www.shm.ru

5.www.tretyakov.ru

6.www.museum.ru/gmii

7.www.museum.ru/M310

8.www.nlr.ru

9.www.hermitagemuseum.org

10.www.rusmuseum.ru

11.http://www.museum.ru/

附录A：俄罗斯建筑 范例

图号	图片	详细信息
图A-1		卡洛明斯卡娅庄园的耶稣升天教堂是还愿教堂。它最初是由四个小八角形簇拥中央一个八角形的教堂。在这个建筑中充满了许多异国情调的形式，像15世纪具有意大利血统的半月拱和三角形山墙，在这里得到了充分地、自由地诠释。
图A-2		莫斯科古老的圣母修道院大教堂（1593年）相比之下，形式则更为拘谨。意大利式的半圆穹上形成三层向上减弱的中心来向灯笼样的洋葱顶过渡。

图号	图片	详细信息
图A-3		罗斯托夫的克里姆林就是复杂类型的杰出范例。宫殿和坚固的教堂被安排在不对称的高墙内,同时有一些意大利建筑的影响痕迹。令人印象深刻的墙楼和关口通道实现了大规模军事形式和夸张的轮廓效果。
图A-4		普斯科夫的克里姆林大约是在同一时期,部分是木制结构建筑,体现了更多的实用性,并提高了当时的建筑质量。
图A-5		莫斯科的格鲁吉亚圣女三位一体教堂,设计者是G·尼克托尼克夫是一座和古老的圣母修道院相仿的建筑。在这座教堂建筑中展示了传统的拜占庭和古典相结合的图案,不同的是使用了大量的丰富色彩。大量的不对称形式形成了此建筑群,同时这也是那个时期的典型。

图号	图片	详细信息
图A-6		扎戈尔斯克的圣约翰施洗教堂（1639—1699），表现了对古典主义形式产生了兴趣，一个带嵌壁式楼层的简单的广场，半圆型的松散布置，除了外轮廓的线条活泼生动外，装饰比较有限。
图A-7		伊斯特拉半岛的新耶路撒冷的卓越寺（1658—1685），是主教尼康在宗教建筑中提出改革建议的体现，他的设计严格地以以色列耶路撒冷的圣墓教堂为基础，甚至是在西方圆锥形的屋顶下修建了一个圆形大厅的房屋。所采用的建筑形式非常纯净，质朴和几何形式超过17世纪，虽然之后祖先的教堂建筑形式更加生机勃勃的方式体现出来。
图A-8		莫斯科的圣母帲幪教堂（1690—1693），是彼得大帝的叔叔列弗·卡尔洛维奇·纳瑞什金王子修建的。是俄罗斯最早的真正意义上的巴洛克教堂。这个四个半圆拱顶为轮廓的建筑不同于俄罗斯传统的中央集中式教堂，但是它对比强烈的动势和精致的细节处理却使它更类似巴洛克风格，比如在瓜里尼的建筑。

图号	图片	详细信息
图A-9		杜布洛维齐（村）的圣母教堂（1690—1704）也具有类似的巴洛克典型特征，是为彼得的导师王子捷列特斯里尼而修建，规模更大，但没有明显的巴洛克的装饰过多的处理，外墙装饰品来源于威尼斯的达里欧宫。
图A-10		莫斯科的大天使加百利教堂（1701—1707，1773年重建）由达鲁里尼设计，为王子亚历山大·丹尼洛维奇孟列夫而修建。这座教堂被看作是一座塔，这是受到了荷兰和英国的影响，被看作是一个清晰的简单单体模块的形式。
图A-11		圣彼得堡的第一座教堂彼得保罗教堂（1721—1733），就矗立在圣彼得堡的彼得保罗要塞中。它古怪的棱角轮廓可能也是重建时期建筑风格的反映：它是托尼斯所熟悉的紧紧依赖于北欧路德教的巴洛克建筑。穹顶和特别的塔尖高120米，这是原有的俄罗斯城市圆顶天际线的决定性突破。

图号	图片	详细信息
图A-12		彼得宫（1716—1717），最初是由法国建筑师J B莱伯朗根据凡尔赛宫为彼得大帝设计修建的。从1747到1752年，拉斯特雷利使彼得宫的范围翻了一番。他增加了一个特别的楼层，并使用低屏风连接两个亭子与主宫。在亭子的修建中，拉斯特雷利用夸张的穹顶来修正了中央范围内的古典主义风格。一种传统的俄罗斯文艺复兴特征迎合了伊丽莎白女王的民族传统兴趣。
图A-13		圣彼得堡斯莫尔尼大教堂（1806-1808）矗立于复杂的伊丽莎白修道院的中心，教堂本身是希腊十字形，在内角上设有圆顶楼阁，虽然它具有传统的平面规划，高耸的塔楼和林立的圆顶。但它仍是一座蓝白相间的小巧的巴洛克式设计的典型代表。它的立面设计被看作是大量装饰元素和45°塔角的叠加。
图A-14		普希金皇村（1749—1752），是为伊丽莎白女王在叶卡捷琳娜宫两旁重塑的边翼。这样就使整个门面宽298米，原本的黄色的墙壁和白色的间隔装饰以及镀金女像柱等装饰因素。这样的外观效果加之粗琢的基层，这样的设计看起来就像是一个华丽的凡尔赛宫的罗可可版本。

图号	图片	详细信息
图A-15		基辅的圣安德鲁大教堂（1747—1761），出自拉斯特雷利之手，是一个俄罗斯元素和西欧巴洛克风格的完美融合希腊十字教堂，两个延长臂、四个对角的墩柱支撑着葱头顶的角楼，创造了一个与传统和谐的轮廓剪影。
图A-16		圣彼得堡的冬宫（1754—1762），是为伊丽莎白女王所建，规模庞大，立面以50个凹面俯瞰宫殿广场。尽管外立面漆成蓝色，但仍是意大利模式而不是法国式，并且增加了更多的雕塑装饰外观。广场的立面安排了一个或两个圆柱形的三层楼高的休息区，打破了一系列台阶的序列，增加了这个组合的需要，窗框、山形墙、栏杆以及屋顶上的雕像。
图A-17		基辅的马林宫，一座气势宏伟的由拉斯特雷利设计的法国风格建筑，始建于木材，但1819年火灾后，用石材在原地按原设计重建。

图号	图片	详细信息
图A-18		圣彼得堡的列宾美术学院（中央美术学院）（1765—1800），由科科列夫和威廉德拉莫特设计。鉴于J.F布朗德尔对莫斯科科学院的建议，这项工作与拉斯特雷利的巴洛克风格都产生了决定性的突破。该建筑拥有一个大圆形的中央区域和四个小的方形子区域的规划。有三个半圆形突出的部分的雄伟外观和法国式的粗琢的基层相结合。但是，它对水平度的强调和像万神庙一般在三角饰山墙后面的圆顶，反映了西欧的新古典主义风格。
图A-19		扎戈尔斯克的圣三一修道院，有一个气势宏伟的巴洛克式的高墙门楼的入口（1741—1770新加），虽然形式是西方的，但是典型的堆叠装饰则是俄罗斯特征的清晰表达。
图A-20		圣彼得堡的大理石宫（现列宁博物馆1768—1785），是由意大利人安东尼奥纳尔迪设计的，他师从于万维泰利，该建筑如此命名是因为独创性的使用了大理石和花岗岩的贴面装饰。尽管这种物质空前丰富，但是传统的外观装饰中还是受到了明显的限制。打开的拱形窗和突出的部分形成中部，反映出了对君士坦丁凯旋门这样的古建筑群关注度的提升。

图号	图片	详细信息
图A-21		莫斯科的普斯科夫宫（现列宁图书馆1784—1786）归功于巴雷诺夫和卡扎科夫大胆的新古典主义设计。一个立方体状的中心，一个高大的鼓座、圆顶和一个突出的柱廊，连接它们的实际上是两个小型的艾奥尼亚前柱式的神庙。
图A-22		莫斯科附近的彼得罗夫宫（1775—1782重建1840）是这一时期著名的建筑师之一哈萨克夫的杰作。它建立于凯瑟琳二世所推动的俄罗斯文艺复兴风格时期。在一定程度上是建筑史上真正兴趣点之外的。另一方面，是用非常广泛的基础元素来巩固其地位。就像一个生活在众所周知的排外国家的外国人一样。尖拱门、双瓣窗口、夸张的塔形柱杆和复杂的轮廓，标志着伟大的俄罗斯第一帝国在完美的常规的建筑的产生。
图A-23		圣彼得堡的陶尔德宫（1783—1789），是凯瑟琳的情人格里戈里·波将金设计的。它是这一时期世界上最令人印象深刻的城市豪宅之一。它的陶立克柱廊外观，几乎是斯巴达式的简朴装饰，壮观的内部有一个类似万神殿的圆形圆顶大厅，并且与后面的巨大的横向大厅共同形成该建筑的结构高潮。它拱顶的突出部分超过了建筑的侧墙，它的两侧长廊上有18对5米高的希腊艾奥尼亚柱。

图号	图片	详细信息
图A—24		同样宏伟的是帕拉蒂奥式的圣彼得堡的科学院建筑（1783—1787），它严谨的外立面被八柱式的艾奥尼亚柱廊所打破。
图A—25		圣彼得堡的艾尔米塔什剧院（1783—1787），立面并未着色，几乎是平面的，并无特殊装饰，而且墙面突出部分连接的并不合适，而半圆形的观众席则推动了整个建筑的外形。
图A—26		巴甫洛夫斯克宫（1782—1786），完成这项工作的是神秘的苏格兰人查尔斯·卡梅伦。他于1779年就被凯瑟琳召唤至俄罗斯。在这里，他对皇村的皇宫的内部进行重新装修并带来了亚当风格。面对一个广阔的椭圆形的前院。卡梅伦建造的近似方形的宫殿是一个以低的细长柱上承担一个浅碟形的万神殿似的圆顶为主导。

图号	图片	详细信息
图A-27		圣彼得堡喀山圣母大教堂（1801—1811），由农奴出身的安德烈·沃洛尼欣设计建造。他先被他的主人送到圣彼得堡美术学院学习，之后是一段漫长的时间留学于巴黎和罗马，在罗马受到各种建筑物的启发和鼓舞。这个教堂有一个由科林斯圆柱所包围的半圆形的入口。并且有两个投影柱廊仍然在向北扩建。尽管该建筑的风格是混合的，但是还是传达了一种这个时期巴黎的冷酷、庄严的风格，装饰上是在一个沉重的色彩中，加入了表面是白色的石头。
图A-28		圣彼得堡矿业大学（1806—1811），风格更为新古典主义，也是安德烈·沃洛尼欣设计，有庞大的十二希腊多立克柱的门廊。在某种意义上这使人联想到巴黎当代的公共建筑。
图A-29		圣彼得堡证券交易所（1804—1816），由法国建筑师托恩设计，他像卡梅伦一样到达俄罗斯前并没有什么出名的作品。该建筑先于巴黎的交易所而设计成为被多立克圆柱式柱廊所包围。柱廊上面的建筑上升至一个大的公共浴池的山墙窗口的楔形拱。布雷和勒杜的回忆录中称，该建筑应被尊敬，因为它是一个城市的精神中心。

图号	图片	详细信息
图A-30		凭借着在巴黎和意大利多年收集到的关于西方建筑的广博的知识，阿德里安·德米特里·扎哈罗夫（1761—1811）创造了一种更为适应新古典主义晚期复兴风格的俄罗斯模式的表达。他的杰作圣彼得堡的新海军总部（1806—1823），在处理一个巨大的建筑的时候不屈于单调。该平面式在旧海军部的基础上由狭窄的区域而分隔的双排建筑。主立面外长408米与前面放置的十二个多立克圆柱神殿的空间对比。入口上面堆积的是连续拱，形式上包括阿尔忒弥斯陵墓、巴洛克圆顶、灯笼和哥特式尖塔、大门下部的装饰则结合了俄罗斯细腻与奢侈的规模，几何和象征性雕塑的应用价值。
图A-31		圣彼得堡海军总参谋部（1819—1829），与拉斯特雷利的冬宫隔广场相望。这是一个巨大的三角形建筑，用弯曲的凹立面占据着广场的整个南面。严谨的立面被粗琢的地基所分割。在立面的中心设有一个巨大的超半圆拱形门上设有四马二轮战车雕像。

图号	图片	详细信息
图A—32		圣彼得堡的主教参政院（1829—1834），是由中央柱廊和凯旋门的角亭形成的拱门的可以从其中穿过的两个建筑。这个中心的特征，首要的是一个矮的金字塔，结合了新的复杂的材料成分，大量的雕塑装饰。
图A—33		诺夫哥罗德附近的哥罗兹诺的钟塔（1822），由斯塔索夫所涉及修建。虽然古典纯净，但是在设计中添加了扎哈罗夫的新海军部的金钟顶样式。坦比埃托小教堂和方尖碑的形式是严谨的新古典主义设计的个体。但是在这里却共同构成了一个微妙而优美的组合形式。
图A—34		圣彼得堡以撒大教堂（1818—1858），由蒙特费朗设计建造，是一个希腊十字建筑。尽管它的塔楼和苏弗洛吉纳维夫不同。除了体积非常大，红色花岗岩门廊和一个镀金圆顶稍显缺乏连贯性。

附录B：本书引用的图片相关信息

图号	图片名称	相关信息及图片来源
2-1	圣三一·谢尔基耶夫修道院	作者实地拍摄
2-2	莫斯科克里姆林宫内的兵器馆	作者实地拍摄
2-3	涅瓦河畔的珍品陈列馆	转引自王瑞珠：《世界建筑史·俄罗斯古代卷》，北京：中国建筑工业出版社，2017年11月版
2-4	位于圣彼得堡的艾尔米塔什	作者实地拍摄
2-5	鲁缅采夫博物馆（俄国史博物馆）	http://www.phoer.com/bbs/thread-51357-1-1.html
2-6	位于莫斯科的特列恰科夫画廊（旧馆）	作者实地拍摄
2-7	普希金造型艺术博物馆	作者实地拍摄
2-8	俄罗斯国旗	作者制作图片
2-9	"弗拉基米尔受洗"	转引自王小茉：《神圣俄罗斯：从国家起源到彼得大帝之前的俄罗斯艺术》，载《装饰》2010年第8期，第54页。
2-10	俄罗斯国徽	作者制作矢量图
2-11	彼得一世胸像	拉斯特雷利作，现藏于俄罗斯博物馆，作者实地拍摄
2-12	伊丽莎白一世	油画，现藏于俄罗斯博物馆，作者实地拍摄
2-13	叶卡捷琳娜二世雕像	现藏于俄罗斯博物馆，作者实地拍摄
2-14	亚历山大二世	油画，现藏于俄罗斯博物馆，作者实地拍摄

图号	图片名称	相关信息及图片来源
3—1	基辅 圣德米特里修道院 大天使米迦勒教堂，始建于1108—113年	转引自王瑞珠：《世界建筑史·俄罗斯古代卷》，北京：中国建筑工业出版社，2017年11月版
3—2	诺夫哥罗德 科热夫尼基圣彼得和圣保罗教堂，建于1406年	转引自王瑞珠：《世界建筑史·俄罗斯古代卷》，北京：中国建筑工业出版社，2017年11月版
3—3	莫斯科 安德罗尼克救世主修道院 主显容大教堂，约建于1410—1427年	转引自王瑞珠：《世界建筑史·俄罗斯古代卷》，北京：中国建筑工业出版社，2017年11月版
3—4	莫斯科 克里姆林宫 天使报喜大教堂，建于1484—1489年 首次在外部采用莫斯科风格特有的叠涩（堆叠）拱券	转引自王瑞珠：《世界建筑史·俄罗斯古代卷》，北京：中国建筑工业出版社，2017年11月版
3—5	莫斯科 瓦西里·伯拉仁内大教堂 建于1555—1561年	作者实地拍摄
3—6	莫斯科 普京基圣母圣诞教堂 建于1649—1652年	转引自王瑞珠：《世界建筑史·俄罗斯古代卷》，北京：中国建筑工业出版社，2017年11月版
3—7	彼得霍夫 下花园 建于1714—1722年	转引自王瑞珠：《世界建筑史·俄罗斯古代卷》，北京：中国建筑工业出版社，2017年11月版
3—8	圣彼得堡 圣西门和圣安娜教堂 建于1731—1734年	转引自王瑞珠：《世界建筑史·俄罗斯古代卷》，北京：中国建筑工业出版社，2017年11月版
3—9	圣彼得堡 帝国艺术学院 建于1765—1789年	转引自王瑞珠：《世界建筑史·俄罗斯古代卷》，北京：中国建筑工业出版社，2017年11月版

图号	图片名称	相关信息及图片来源
4—1	位于莫斯科克里姆林宫内的军械库	转引自[俄]尤里·谢尔盖耶维奇·里亚布采夫著，张冰、王加兴 译，《千年俄罗斯——19世纪至20世纪的艺术生活与风情习俗》，北京：生活·读书·新知三联书店，2007年版。
4—2	"法贝热"彩蛋	现藏于莫斯科克里姆林宫军械库内，作者实地拍摄
4—3	军械库博物馆建筑	转引自http://www.uutuu.com/fotolog/photo/1386201/
4—4	军械库博物馆建筑入口门洞	作者实地拍摄
4—5	军械库博物馆建筑浮雕装饰	作者实地拍摄
4—6	军械库博物馆建筑徽章浮雕装饰（1）	作者实地拍摄
4—7	军械库博物馆建筑徽章浮雕装饰（2）	作者实地拍摄
4—8	军械库博物馆建筑徽章浮雕装饰（3）	作者实地拍摄
4—9	军械库博物馆建筑二层装饰	作者实地拍摄
4—10	军械库博物馆建筑底层周围的炮筒	作者实地拍摄
4—11	军械库博物馆建筑底层周围雕花炮车	作者实地拍摄
4—12	弗拉基米尔·霍伊·舍伍德	转引自http://www.tchaikovsky-research.net/en/people/shervud_vladimir.html
4—13	国家历史博物馆	作者实地拍摄
4—14	国家历史博物馆正立面主塔结构	作者实地拍摄
4—15	国家历史博物馆立面主塔帐篷顶结构	作者实地拍摄
4—16	国家历史博物馆正立面侧塔结构	作者实地拍摄
4—17	拇指形窗洞	作者实地拍摄
4—18	国家历史博物馆正立面主体石砌结构	作者实地拍摄

图号	图片名称	相关信息及图片来源
4-19	朱可夫元帅雕像	作者实地拍摄
4-20	国家历史博物馆后（南）立面	作者实地拍摄
4-21	国家历史博物馆后（南）立面 垂花门	作者实地拍摄
4-22	尖顶装饰（1）	作者实地拍摄
4-23	尖顶装饰（2）	作者实地拍摄
4-24	后（南）立面塔楼结构	作者实地拍摄
4-25	尖顶装饰（3）	作者实地拍摄
4-26	侧（西）立面结构装饰分布	作者实地拍摄
4-27	艺术广场上的米哈伊洛夫宫	作者实地拍摄
4-28	米哈伊洛夫宫用于划分区域的栅栏	作者实地拍摄
4-29	正门门口栅栏上的立雕	作者实地拍摄
4-30	正门门口栅栏上金色箭头装饰	作者实地拍摄
4-31	俄罗斯博物馆建筑正面结构	作者实地拍摄
4-32	入口处雄狮立雕以及涡卷纹	作者实地拍摄
4-33	入口处一层方柱柱廊	作者实地拍摄
4-34	入口处二层科林斯式柱廊	作者实地拍摄
4-35	二层科林斯式柱廊与三角形山墙组合	作者实地拍摄
4-36	装饰三角形山墙华丽的植物纹样组合	作者实地拍摄
4-37	俄罗斯博物馆主体建筑结构	作者实地拍摄
4-38	俄罗斯博物馆阁楼	作者实地拍摄
4-39	俄罗斯博物馆阁楼窗洞	作者实地拍摄
4-40	俄罗斯博物馆侧翼	作者实地拍摄
4-41	俄罗斯博物馆前艺术广场上的普希金雕像	作者实地拍摄
4-42	特列恰科夫画廊外观	作者实地拍摄
4-43	特列恰科夫画廊外广场喷泉	作者实地拍摄
4-44	特列恰科夫纪念石像	作者实地拍摄

图号	图片名称	相关信息及图片来源
4—45	画廊主建筑外装饰	作者实地拍摄
4—46	画廊正门装饰	作者实地拍摄
4—47	灰色浅浮雕——圣乔治屠龙	作者实地拍摄
4—48	主体立面1—3层装饰带	作者实地拍摄
4—49	主体立面4—5层装饰带	作者实地拍摄
4—50	角门即现今画廊入口装饰带	作者实地拍摄
4—51	主立面窗口设计	作者实地拍摄
4—52	侧立面窗口设计	作者实地拍摄
4—53	单体及组合"器物形"装饰	作者实地拍摄
4—54	团花以及植物蔓藤装饰	作者实地拍摄
4—55	几何变体装饰	作者实地拍摄
4—56	堆叠的装饰效果	作者实地拍摄
4—57	国立普希金造型艺术博物馆正面全景图	转引自www.museum.ru/gmii
4—58	国立普希金造型艺术博物馆	作者实地拍摄
4—59	博物馆前廊	作者实地拍摄
4—60	三角形山墙顶部立雕装饰	作者实地拍摄
4—61	三角形山墙顶部结构	作者实地拍摄
4—62	前廊与通廊	作者实地拍摄
4—63	瓦斯涅佐夫自画像	转引自http://cultured.com/people/Viktor_Mikhailovich_Vasnetsov/
4—64	瓦斯涅佐夫故居	转引自http://www.tretyakovgallery.ru/en/museum/branch/root55716141615/
4—65	瓦斯涅佐夫故居院门	作者实地拍摄
4—66	木翼阁楼入口	作者实地拍摄
4—67	木翼阁楼	作者实地拍摄
4—68	大三角山墙	作者实地拍摄

图号	图片名称	相关信息及图片来源
4-69	瓦斯涅佐夫故居全景	作者实地拍摄
5-1	俄罗斯民族文化中色彩的象征意义	作者制作矢量图
5-2	文中出现的博物馆建筑的色彩搭配	作者制作矢量图
5-3	瓦斯涅佐夫故居博物馆木材本色	作者实地拍摄
5-4	普希金造型艺术博物馆石材本色	作者实地拍摄
5-5	俄罗斯博物馆建筑的淡黄色条砖使用	作者实地拍摄
5-6	瓦斯涅佐夫故居博物馆木翼阁楼中圆木的使用	作者实地拍摄
5-7	特列恰科夫画廊建筑墙面装饰	作者实地拍摄
5-8	瓦斯涅佐夫故居地面装饰	作者实地拍摄
5-9	瓦斯涅佐夫故居博物馆釉面砖	作者实地拍摄
5-10	特列恰科夫画廊马赛克图案装饰	作者实地拍摄
5-11	军事战争主题	作者实地拍摄
5-12	俄罗斯博物馆大三角山墙的使用	作者实地拍摄
5-13	国家历史博物馆帐篷尖顶	作者实地拍摄
5-14	瓦斯涅佐夫故居组合帐篷尖顶	作者实地拍摄
5-15	几何形堆叠效果	作者实地拍摄
5-16	弧形圆拱堆叠效果	作者实地拍摄
5-17	结构堆叠效果	作者实地拍摄
5-18	雅典卫城厄瑞克修姆庙的女像柱（Caryatid of Erechtheum）	作者实地拍摄

后记 >>

  此时此刻，彼得像往常一样，踩过键盘，卧到身边，头死死的抵住我，呼声渐起。彼得是一只警长猫，作为书童，他已经陪伴我十年。十年前，开始撰写我的博士论文的时候，我和彼得一样青涩——对学术殿堂的向往、对研究方法的渴求、对未知领域的探索……转眼间，十年过去了，顺利结婚、毕业、进站、生子、出站、工作，一切按部就班，平安喜乐。而这篇博士论文也终于在多年的整理、润色后，于今付梓。对我而言，这本书不仅是学术研究成果的呈现，它更像是一种成长的记录、一个回望生命历程的仪式、一个人生阶段的崭新开始。

  俄罗斯是一个神秘国度，我被它深深地吸引着：广袤寒冷的自然环境、虔诚专一的宗教皈依、跌宕起伏的王朝历史、原始质朴的民间艺术、闪耀夺目的皇家珍宝、大气包容的改革气魄、笃定坚守的民族精神，凡此种种无一不令我着迷；更不消说那犹如粼粼波光般闪耀着的教堂金顶、那光影斑驳的建筑装饰、鬼斧神工般的木建筑结构以及香甜糖果似的浓烈色彩，诸如这般无一不使我沉醉。

  人说兴趣是最好的老师，作为一个青年学者，能够与自己的研究方向如此契合，无疑，我是幸运的。俄罗斯建筑装饰艺术与其说是我的研究方向，不如说是我对设计历史与理论研究的学术研究方法学习与训练的切入点。而引领我迈进兴趣之门的，正是我的恩师清华大学美术学院教授张夫也先生。夫也先生学识广博、亲切和蔼，桃李满天下。作为也门中不成器的小树一棵，先生因材施教，慧眼独具，将我的本科室内设计专业与硕士蒙古族民族特色在环艺中的应用方向结合并延伸，为我打开了一扇通往俄罗斯工艺美术、俄罗斯装饰艺术研究的大门，我欣然往之。

  2007年8月与2008年7月，我曾两度远赴俄罗斯，分别在莫斯科与圣彼得堡游历。异国风情让人流连忘返。与大部分俄罗斯书籍中介绍的各式各样的教堂相比，使我记忆更为深刻的是遍布莫斯科与圣彼得堡的不同时期、不同类型的博物馆。而博物馆建筑是19世纪俄罗斯公共建筑类型的典型代表。建于19世纪的俄罗斯博物馆在建筑装饰方面所取得的辉煌成就，在整个俄罗斯工艺美术史以及建筑史上都占有重要的地位。在其发展过程中，拜占庭建筑的影响以及统治者自身的审美一直贯穿并支配于其中；资本主义的发展、对西方建筑的学习和包容与对俄罗斯建筑传统的继承，使得折衷主义风格成为19世纪俄罗斯建筑风格的大趋势；象征主义的表现手法是其工艺美术创作、建筑装饰创作遵循的最重要的法则；同时，外来的建筑师和本国的建筑师对建筑装饰的实践起到了巨大的推动作用。

得出研究结论如此，但在研究过程还是避免不了困难重重。语言的限制和资料的匮乏使得论文并不能更为详尽的阐述博物馆建筑装饰细节之美；眼界的狭窄与方法的稚嫩也使得论文不能更为深入的思考博物馆建筑形式的功过之论。如今，这篇得到盲审4A评价的博士论文即将出版，却依然难忘等待结果时的惴惴不安。俄罗斯建筑装饰艺术的魅力远不止于此，限于篇幅与精力，还有更多的装饰之美等待探寻与研究。由于个人水平所限，行文难免疏漏，承望专家、学者海涵指正。

拙著将建筑装饰艺术放置于俄罗斯悠久的历史文明背景之下进行考察，从地理位置、自然环境、宗教信仰、民生经济、社会发展以及多种建筑形式的影响等要素入手，寻找19世纪俄罗斯建筑风格的成因和其嬗变的推动力。更重要的是追根溯源，找到俄罗斯独有的建筑风格特征的来源与发展脉络，借以体现俄罗斯建筑风格的发展脉络。这有助于我们从对其他民族文化和艺术的研究中获得有益的经验与启示，从而为我国的博物馆建筑装饰研究提供有价值的借鉴，希望能为我国的建筑装饰艺术研究略尽绵力。

拙著得以完成，离不开各位师长、学友和家人们的指点与支持，在此向各位表达最为诚挚的谢意！

感谢恩师张夫也先生，您的言传身教令我受益终身。感谢您的悉心指导与无私帮助。百忙之中为拙著作序，是夫也先生对学生的勉励与期望，"敬天爱人"学生将铭记于心！

感谢对我的博士论文进行过指导的良师孙建君教授、刘兵教授、张敢教授、李正安教授以及陈岸瑛教授。各位老师在我博士期间给予的鼓励与帮助，并为论文的撰写思路、研究方法等提供恳切的意见与建议。

在此，向各位师长表示衷心的感谢！

感谢北京印刷学院教授杨虹先生，在工作中对我的诸多指导、帮助与关怀。同时，拙著得以出版得到了北京印刷学院"印刷文化传承与传媒艺术创新研究"（项目号：04190118002/038）项目的支持。在此，向杨虹教授表示诚挚的谢意！

感谢也门的师兄妹们，清华大学美术学院、《装饰》杂志社周志师兄、北京师范大学的李江师兄、北京印刷学院滕晓铂师姐、首都博物馆张明师妹以及也门的兄弟姐妹们，是你们的青春活力感染着我，是你们的学术坚持鼓舞着我，是你们的潜心研究鞭策着我……与顶尖团队在一起，我将无法停止前进的步伐！

感谢我的家人、我的书童！没有先生赵頔的全力支持与默默付出；没有母亲、公公、婆婆对纷繁家务的一力担当；没有儿子芃羽天使般的乖巧与温暖，不会有拙著的最终完成，亦不会有研究之路的平坦顺利。感谢彼得，虽不曾红袖添香，但确也日夜陪伴。

感谢拙著编辑彭伟哲、王琪的辛勤付出，我们相识虽晚，却一见如故。期待以后更多的合作！

还要感谢拙著在写作过程中所有的参考文献、图像资料提供的著者、编者等师长们！有了各位的研究成果，我才得以站在巨人的肩膀上对心之向往窥见一斑！

最后感谢所有在学术研究之路上对我帮助和指导的人！

路漫漫其修远兮，吾将上下而求索！

袁 园
2019年8月于彼得的新鱼塘

袁园

文学博士，毕业于清华大学美术学院。

博士后，清华大学社会科学学院科学技术研究所哲学
流动站研究出站。

现为北京印刷学院设计艺术学院副教授，硕士研究生
导师，任中国自然辩证法学会理事，中国自然辩证法
学会科学与艺术委员会主任，中国民间文艺家协会
《民艺》杂志特邀执行编辑，中国工艺美术学会理论/
教育/民间工艺美术委员会会员。

研究方向：设计艺术历史与理论、艺术与科学传播。

出版《中国设计史纲》（江苏美术出版社）、《设计
创造学》等，近四十余篇论文发表于国际、国内多个
学术会议论坛以及CSSCI、核心期刊；主持和参与十余
项国家级、省部级项目；获得多项教学、科研奖项。

《俄罗斯博物馆建筑装饰艺术》一书的出版得到了北
京印刷学院"印刷文化传承与传媒艺术创新研究"
（项目号：04190118002/038）项目的支持。

Russian Museum
Architecture Decorative Art

ISBN 978-7-5314-8276-5

9 787531 482765 >

定价：68.00元